楽しく学ぶ
数学の基礎

数と式、方程式、関数、
あなたのつまずきは、これで解消！

星田直彦

SoftBank Creative

本文デザイン・アートディレクション：**クニメディア株式会社**
カバー・本文イラスト：**よしだかおり**

はじめに

　昨今は、数学ブームなのでしょうか？　一般向けにたくさんの数学の本がでているようです。

　数学を教えている私のところへは、なんだかんだと「声」が集まってきます。それは、数学を扱った一般向けの本への「苦情」といえばいいのか、「要望」といえばいいのか……。

　計算問題がたくさん載っている本があります。確かに脳のトレーニングにはよいのでしょう。しかし、「できる」とわかっていることを、できてもうれしくないという人が多いのです。なるほど、それはわかります。

　数学はやってみたい。でも、「できる」とわかっていることはやりたくない。かといって、自分にとってむずかしすぎるのもやりたくない。ちょっとわがままですね。

　そこで、「どんなことをやってみたいの？」と尋ねてみますと、
「昔、つまずいたところを、理解できたらいいな」
「数学の先生は、『ここは感動するところ』と言ってたけど、そこがわからなかった。私も数学で感動してみたい……」
という感じだそうです。みなさん、勉強熱心なんですね。

　それじゃあということで、数学の基礎の段階で、つまずきやすいところ、感動できるところを集めて書いてみようと思

い立ちました。

　ところで、みなさんは、「方程式」ってなんだか説明できますか？　また、「二等辺三角形」の定義がいえますか？

　これらの質問を高校入試を間近に控えた受験生に投げかけたところ、両方とも答えられる生徒は、非常に少ない状況でした。たぶん、説明ができなくても、定義がいえなくても、なんとなくテストで点数を取れたのでしょう。

　しかし、「方程式」が説明できたら、「二等辺三角形」の定義がいえたなら、数学の時間はそんなに苦労することなく、もっと感動できたのかもしれません。

　遅くはありません。大人になったいまなら、学生時代のテスト地獄から解放されて、ゆっくりと取り組むことができます。あのときつまずいた「石」を、いま、蹴飛ばしてやりましょう。そして、あのころ、数学で味わえなかった「感動」を、いま、味わいましょう。

　紙と鉛筆がなくても大丈夫です。華やかさには少々欠けますが、確実に数学の基礎が理解できるような本をめざしました。きっと、「そういうことだったのか！」と叫んでもらえると思います。

　さて、こうやってできあがった本を見ると、大人向けに書いたつもりだったのですが、実は、中学生が読むといちばん役に立つのかなと思うようになってきました。ご家庭に1冊置いていただき、親子の会話の1つのネタにしてもらえればうれしいです。

2008年3月　星田直彦

はじめに

＜章の扉について＞

P.9　第1章　数と式

エラトステネス（BC276ごろ～BC196ごろ）

　古代ギリシアの地理学者、数学者。前235年ごろ、アレクサンドリアのムセイオンの館長に就任。数学においては、素数を見つけるための「エラトステネスの篩(ふるい)」によって知られる。

P.121　第2章　方程式

『九章算術』

　現存する中国最古の数学書。九章で構成されていて、第八章が「方程」。これが、「方程式」の由来。この数学書では、連立1次方程式が扱われている。

P.181　第3章　関数

通潤橋（熊本県上益城郡山都町）

　1854年（嘉永7年）に、阿蘇の外輪山の南側の五郎ヶ滝川の谷に架けられた石組みによる用水の水路橋。通潤橋から排出される水は、きれいな放物線を描く。

CONTENTS

楽しく学ぶ数学の基礎

数と式、方程式、関数、あなたのつまずきは、これで解消！

はじめに ……………………………………………… 3

第1章 数と式 … 9

正の数、負の数 ……………………………… 10
不能、不定 …………………………………… 14
不等号 ………………………………………… 17
以上、以下、未満 …………………………… 19
引き算を足し算にする ……………………… 22
項 ……………………………………………… 25
交換法則 ……………………………………… 28
逆数 …………………………………………… 32
累乗 …………………………………………… 35
指数法則 ……………………………………… 38
文字式 ………………………………………… 42
文字式のルール ……………………………… 46
割, ％ ………………………………………… 50
単項式と多項式 ……………………………… 55
次数 …………………………………………… 58
係数 …………………………………………… 61
等式 …………………………………………… 65
奇数、偶数 …………………………………… 68
因数と素数 …………………………………… 73
素因数分解 …………………………………… 77
エラトステネスの篩 ………………………… 81
式の展開 ……………………………………… 84
因数分解 ……………………………………… 88
平方根 ………………………………………… 91
$\sqrt{}$（根号） ………………………………… 94

サイエンス・アイ新書

平方根の大小	98
平方根の性質	101
平方根表	105
循環小数	110
有理数と無理数	115
分母の有理化	118

第2章 方程式 …121

方程式	122
方程式の解	125
方程式を表で解く	127
等式の性質	131
移項	134
分母をはらう	138
解の吟味	142
連立方程式	144
加減法	147
代入法	153
連立方程式の解とグラフ	156
2次方程式	158
2次方程式を因数分解を利用して解く	162
2次方程式を平方根を利用して解く	166
2次方程式の解の公式	170
重解（重根）	174
実数と虚数	176

CONTENTS

第3章 関数 181

座標平面 182
y は x に比例する 186
比例のグラフ 191
変域 196
y は x に反比例する 199
双曲線 204
比例定数 209
関数 212
1次関数 217
切片と傾き 219
2乗比例関数 224
放物線 228
変化の割合 232
放物線での変化の割合 235

付録　平方根表 240
索引 244
参考文献 246

数と式

高校で学ぶ数学Ⅰは、この数と式から始まります。正の数や負の数があるのはなぜか、記号はどのように使えばいいのか、文字式はなんのためにあるのかなど、数学でつまずかないための基礎知識をここで身につけましょう。

# 正の数、負の数

負の数があれば、かなり便利なのです!

負の数は必要か?

日常生活で気温を表現するとき、私たちは摂氏温度を利用するのがふつうです。あまりに寒い日には正の数だけでは足りなくなって、「マイナス3度」などと表します。

しかし、温度を表すためには、負の数が必要というわけではありません。実は、「絶対温度」というのがあるのです。

物質を冷やしていくと、やがてこれよりは温度が下がらないというポイントがあり、この温度を基準にして0Kと表します。従って温度を絶対温度で表せば、負の数は現れません(ちなみに、絶対温度の目盛りの間隔は、摂氏温度の目盛りの間隔と同じです。摂氏0度を絶対温度で表せば、273.15 Kとなります)。

反対の性質を持つ量

温度を表すだけなら、負の数は必要ありません。また、リンゴの個数を数えるだけなら、自然数(正の整数)だけで十分です。でも、負の数があれば、かなり便利なのです。
「収入」はお金が入ってくる、「支出」はお金が出ていく、まったく逆のお金の動きです。収入だけの話にかぎれば、0と正の数だけで十分です。また、支出の話だけに限定すれば、これもまた、0と正の数だけでこと足ります。

しかし、収入も支出も、「お金の流れ」という点では同じです。

なんとか「統一」して表すことができないでしょうか？

できます！

まずは、収入も支出もないというポイントを基準（**原点**）にします。ここを 0 と表します。

ただ、これだけでは不十分です。「300 円」とかいただけでは、収入か支出かを迷ってしまいそうです。「反対の性質を持つ量」だということを示すためには、なにか「印」をつける必要があります。

たとえば、300 円の収入なら「入 300 円」、300 円の支出なら「出 300 円」などと表せばよいですね。このようにして「**正の数と負の数**」の考え方が生まれてきました。

反対の性質をもつことを表すためになんらかの「印」をつけよう！

基準からの過不足

ここではわざと「＋」「－」という記号は使わずに、「入 300 円」「出 300 円」とかきました。区別ができて、わかりやすければ、なんだっていいのです。古代の中国では、「⊥」「⊤」とかかれた記録があります。現在の私たちが使っている「＋」「－」の記号が初めて登場したのは、ドイツのヨハン・ウイットマンが 1489 年に出版した本の中といわれています。

どうも私たちは、「＋」「－」といえば、加法、減法の演算の記号として考えてしまいます。しかし、「＋」「－」が数学の歴史上で初めて登場したときは、基準からの過不足を表すためだけの記号だったのです。

少しだけ、符号の使い方の注意をしておきましょう。負の数に

はかならず負の符号「−」をつけてください。ただし、正の数については、臨機応変です。単純に「8」とかいてあれば、それは「+8」を意味しています。

絶対値とは？

先ほど、「入300円」「出300円」という表現をしました。「300円」という部分は共通しています。なにが共通しているのでしょうか？ それは、「基準（原点）から300円離れている」ということです。

このように、ある数を表す点と原点がどれだけ離れているか（距離）を、その数の「**絶対値**」といいます。「反対の性質をもつ量」を扱う場合、どうしても必要になる概念です。

第1章 数と式

> 「絶対値」……原点からの距離
> 正か負か、方向は関係ない！

「−3の絶対値」といえば、「−3」という「点」が原点である0からどれだけ離れているかということです。従って、「−3の絶対値」は3です。+3の絶対値も、−3の絶対値も3です。0の絶対値は0です。

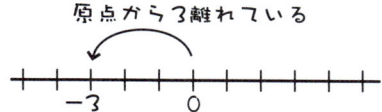

絶対値を表す記号

現在の中学校の教科書には紹介されていませんが、絶対値を表すための記号があります。

> −5の絶対値を次のように表す
> |−5|

つまり、以下のようになります。
　|−5| = 5　　　|+8| = 8

不能、不定

…電卓にだってやれない計算があるのです

💡 電卓のエラー表示

電卓で「$5 \div 0$」を計算すると、エラー表示（たいていは「E」）がでます。やったことがないという方は、ぜひ試してみてください。

いつも計算を助けてくれる電卓がエラーを表示するほど、難しいことをさせてしまったのでしょうか？　このことについて考えてみましょう。

「5÷0」について生徒に尋ねると、「5だ！」「0だ！」と2つの意見がすぐに飛びだします。答えが割れるようなので、とりあえず、以下のようにしてみましょう。

$$5 ÷ 0 = \square$$

ところが、これは同時に、次の式が成り立つことを意味します。

$$\square × 0 = 5$$

この□に当てはまる数値がありますか？

□にどんな数値を当てはめても、0をかけると積（かけ算の答え）は0になってしまいます。5にはなりません。つまり、□に当てはまる数値など存在しないのです。

もしかすると、みなさんは、「0で割ってはいけない」と教わった記憶があるかもしれません。しかし、それは違います。0で割ってはいけないのではありません。「0で割っても、答えが存在しない（「不能」と呼ばれることがあります）」のです。

きっと中学の先生は、「0で割っても答えが存在しないのだから、0で割ることは考えない」という意味で言ったのです。でも、いつの間にか、前半部分がどこかに消え去ってしまったのでしょうね。

---

5 ÷ 0 …… 答えが存在しない（不能）

 0÷0は？

では、今度は電卓に「0÷0」をさせてみましょう。やはり、エラー表示がでましたね。

ふたたび、以下のようにしてみましょう。

0 ÷ 0 = □

これは同時に、次の式が成り立つことを意味します。

□ × 0 = 0

さあ、□に当てはまる数値はなんでしょう？

1 × 0 = 0
2 × 0 = 0
3 × 0 = 0
4 × 0 = 0
　　：

このように、□に当てはまる数値は1つではありません。たくさんあります。小数でも、分数でも、負の数でもかまいません。「0 ÷ 0の答えは、定まらない（「**不定**」と呼ばれることがあります）」というのが正解です。

---

0 ÷ 0 …… 答えが定まらない（不定）

第1章 数と式

不等号
20 ≦ x　お酒は二十歳になってから

💡 不等号って？

「≠」という記号があります。「$a \neq b$」とかいて、aとbが等しくないことを表します。「aノットイコールb」と読むことが多いようです（英語では、"a is not equal to b."と読むそうです）。

「**不等号**」とは、「等しくないことを表す記号」なのですから、「≠」を「不等号」と呼んだほうがよいと思います。しかし、実際に「不等号」と呼ばれているのは、「＜」や「＞」です。これらは大小関係を表すための記号ですから、「大小記号」とでも呼ぶのがふさわしいと思うのですが……。

💡 不等号の読み方は？

みなさんは、不等号をどのように読んでいましたか？

> $a < b$ …… aはbより小さい
> a小なりb
> a is less than b

と読まれることが多いようですが、実は、教科書にも読み方がかかれていません。

さて、「5は3より大きい」ことは、次の2通りで表すことができます。

$$3 < 5 \qquad 5 > 3$$

しかし、なるべく「3＜5」とかくことをおすすめします。数直線上の数は、右にあるほど大きい——それに合わせているわけです。

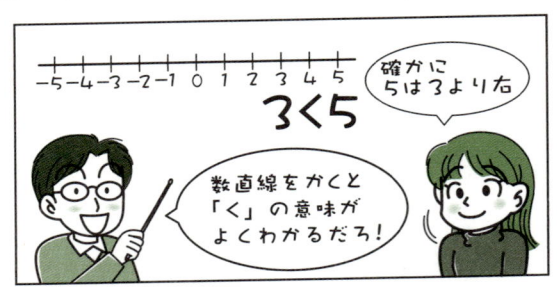

💡 2≦2という表現は、正しいの？

「≦」,「≧」という記号もあります。

$$a \leq b \cdots\cdots a < b \quad \text{または} \quad a = b$$

「または」というのが、くせものです。
「$a \leq b$」というのは、「$a < b$」か「$a = b$」か、どちらかが成立していれば、それで「正しい」のです。ですから、「2≦2」という式は、正しいということになります。

「お酒は二十歳になってから」とよく言いますが、不等式で表せば、「$20 \leq x$」でしょうか。x は、ある人の年齢を表しています。

$x = 19$ であるときは、「$20 \leq 19$」となり、不等式は成り立ちません。$x = 20$ であるときは、「$20 \leq 20$」となり、不等式は成り立ちます。

第1章 数と式

数学の基礎 以上、以下、未満
…あなたとの関係は、友だち以上、恋人未満よ！

💡 食事をおいしくいただくために……

バイキングレストランに行ったとき、
「料金、大人1575円、子ども（小学生以下）840円」
とありました。

私の子どもは、6年生と2年生。6年生は身体が大きくて、中学生に思われるかもしれません。でも、まだ小学生です。

> バイキング
> お値段
> 大人1名
> …1575円
> 子ども(小学生以下)
> …840円

法律や数学では、「以上」「以下」という場合は、基準となる数量を含むことになっています。従ってこの場合、6年生も2年生も840円で食べられるはずです。「食べられるはず」なのですが、いつも一抹の不安がつきまといます。私の「以上」「以下」の認識は正しいのです。しかし、お店の掲示の内容が、それを理解して書いてあるとはかぎりません。困ったものです。

だから「まちがっているかもしれない」と思って、初めてのお店では特に、食前に確かめることにしています。ちょっと恥ずかしいのですが、そのほうが食事をおいしくいただけます。

💡 不等号や数直線で表してみよう

「以上」とは、「基準となる数量に等しいか、または、それよりも大きいこと」をいいます。

たとえば、ある数 x が2以上であることを、$2 \leqq x$ とかきます。これは、$2 = x$ と $2 < x$ とを合わせてかいたものです。数直線を使

19

って表すと、下の図のようになります。この場合、数直線上の●は、2を含むことを示しています。

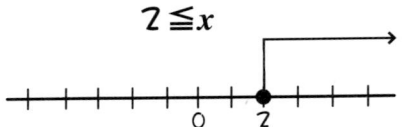

逆に、「以下」とは、「基準となる数量に等しか、またはそれよりも小さいこと」をいいます。

ある数xが2以下であることを、$x \leqq 2$とかきます。数直線を使って表すと、次の図のようになります。

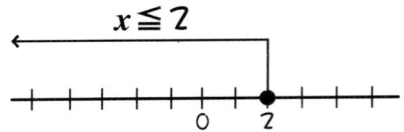

さて、次の図のような状況を表す言葉がありません。これは、「2より大きい」などというしか仕方ありません。残念です。

不等式でかけば、$2 < x$です。この場合、数直線上の○は、2を含まないことを示しています。

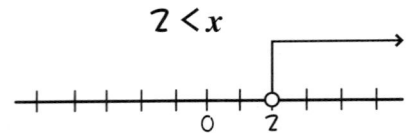

友だち以上、恋人未満！

「あなたとの関係は、友だち以上、恋人未満よ！」
と言われてしまいました。

「未満」は、「基準となる数量よりも小さいこと」をいいます。ある数 x が 2 未満であることを、$x < 2$ とかきます。数直線を使って表すと、下の図のようになります。

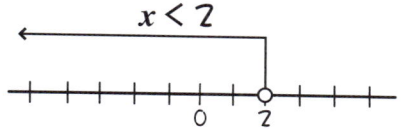

「恋人未満」ということは、相手はあなたを恋人として認めていないということです。「恋人以上」になるためには、かなりの努力が必要といえます。がんばってください。

数学の基礎

引き算を足し算にする

...「太った」なんて、口が裂けても言いたくない！

💡 閉じている？ 閉じていない？

正の整数のことを「**自然数**」といいます。物を数えるときによく使う数です。自然数と自然数を足すと、答えも自然数になります。

　　$3 + 5 = 8$
　　$14 + 1256 = 1270$　　など

ですから、自然数の範囲で加法をやっていて困ることはありません。このことを、「自然数は、加法について**閉じている**」といいます。

ところが、自然数の範囲で減法をやろうとすると、たちまち困った事態になります。

　　$3 - 5 = ?$
　　$7 - 1256 = ?$　　など

引けないよぉー

自然数は減法について閉じていないのです。この意味で、加法と減法はしっかりと区別する必要があります。

> 自然数は、加法について閉じている
> 自然数は、減法について閉じていない

　中学校に入学して、負の数を習います。負の数の導入で、減法について自由自在に計算ができるようになります。もう困りません。そのおかげで、ちょっとおもしろいことができるようになります。

私、やせました。

「私、2 kgも太ったのよ！」

　レディとしては、あまり言いたくない言葉です。そこでこの文章を、内容を変えずに次のように言い換えます。

> 「私、−2kgもやせたのよ！」

「やせた」という言葉を使って表現できるのです（実態はなにも変わっていませんが……）。このように、正の数と負の数をうまく使うことで、内容を変えずに、表現を変えることができます。

　たとえば、次の式には減法が2カ所ありますが、これを加法に変えてみましょう。

$$(+8) - (+7) - (-3) + (-1)$$
$$= (+8) + (-7) + (+3) + (-1)$$

正の数を引くときは負の数を加え、負の数を引くときには正の数を加えればよいのです。

ぜ〜んぶ、加法にしちゃえ！

「反数」という言葉があります。この言葉を使えば、説明はもっと短くなります。

> $a + b = 0$ のとき、
> a と b はたがいに他の「反数」という

　たとえば、5の反数は、−5です。なんてことはありません。「反数」とは、「符号を変えた数」だと思えばよいわけです。実際に中学1年の教科書には、「符号を変えた数」という用語が載っています。

> ある数を引くには、その反数を足せばよい

　この方法で、すべての減法を加法にすることができます。もう減法なんて考えなくてもよいのです！　世の中の減法はすべて、加法に統一することができるのです！

　このことを、すばらしいことと思ってほしいのです。算数から数学への階段を一段上ったって感じです。

第1章 数と式

数学の基礎 項
「項」って、トランプみたいなものさ！

💡 トランプを並べてみよう

正の数、負の数の説明をするときに、数学の教師はよくトランプを使います。黒いカード（スペード、クラブのカード）は正の数、赤いカード（ダイヤ、ハートのカード）は負の数と約束します。

適当に4枚を並べて、足してみましょう。

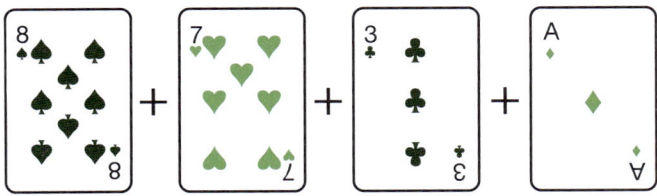

トランプとトランプの間に「＋」があります。この「＋」は、加法の演算記号であって、正負を表す符号ではありません。このときのトランプ1枚1枚を、数学では「項」と呼びます。

数式でかいてみましょう。

$$(+8)+(-7)+(+3)+(-1)$$

上の式では、+8、-7、+3、-1 がそれぞれ「項」であるということです。ちなみに、「項」は訓読みで「うなじ、くび」とも読みます。意味が転じて、「ことがらのひとつひとつ」という意味が生まれました。「項目」「第一項」などといいますね。

25

さて、符号と演算記号をしっかりと区別しながら、上の式を読んでみましょう。

「プラス8たすマイナス7たすプラス3たすマイナス1」

加法の演算記号「＋」を省略しよう！

　もう一度、先ほどの式を見てください。

$$(+8)+(-7)+(+3)+(-1)$$

　加法ばかりの式ですね。そこで、ちょっと大胆なことに挑戦です。次の図をご覧ください。

  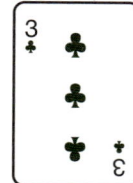 

　この図を初めて見た人は、「トランプが4枚並べてある」としか思えないでしょう。しかし数学では、便利なルールがあります。加法だけの式なら、加法の記号とかっこを省いてかいてよいのです。つまり、項だけを並べてかくことができるのです。

第 1 章 数と式

　トランプを 4 枚並べてあるだけに見えても、トランプとトランプの間には、加法の演算記号「＋」があるものとして考えます。
　数式では、次のように表すということです。

　　8－7＋3－1

ずいぶんスリムな式になりましたね。ちなみにこの式は、次のように読みます。

　　「8 マイナス 7 プラス 3 マイナス 1」……A

💡 代数和と算術和

　さて、小学校でも「8－7＋3－1」という計算は登場します。小学生は、きっとこう読むでしょう。

　　「8 ひく 7 たす 3 ひく 1」……B

　まったく同じ式なのに、中学生は A、小学生は B の読み方をします。少々専門的になりますが、A は「**代数和**」、B は「**算術和**」と呼ばれます。このあたりも、算数と数学の分かれ目なのかなぁと思います。
　また、代数和と考えても、算術和と考えても、その答えが一致する——つまり、本当なら区別するべきなのかもしれない符号の「＋，－」と演算記号の「＋，－」を、わざと同じ記号を使っているという先人たちの巧みな技に、私は感動してしまうのです（生徒たちには、じょうずに伝えきれませんが……）。

交換法則

... パンツが先か、ズボンが先か、それが問題だ

❓ 交換法則って？

数学の世界では、いつでも交換 OK というときがあります。これが「**交換法則**」と呼ばれるもので、加法、乗法の場合が特に有名です。

【交換法則】
  加法の交換法則　$a + b = b + a$
  乗法の交換法則　$a \times b = b \times a$

一般には集合Aにおける演算 ∗ が、A の元（要素）a, b について、

$a * b = b * a$

を満たすとき、つまり「順序を入れ替えても結果は同じ」という場合、「演算 ∗ は交換法則を満たす」といいます。減法や除法では、悲しいかな、これが成立しません。

加法、乗法……交換法則が成り立つ
減法、除法……交換法則が成り立たない

ちなみに交換法則は、**結合法則**、**分配法則**と合わせて、「計算の三法則」と呼ばれています。ほかの2つの法則も紹介しておきましょう。

【結合法則】
　加法の結合法則　$(a+b)+c=a+(b+c)$
　乗法の結合法則　$(a\times b)\times c=a\times(b\times c)$
【分配法則】　　　$a\times(b+c)=a\times b+a\times c$

交換法則はスゴイ！

　考えてみれば、交換法則が成り立つなんてこれはスゴイことなのです。だから、中学校の教科書でも大きく扱われるし、利用する価値が生まれます。

　どうも世間では、交換法則の重要性が十分に理解されていないような気がします。私たち数学を教える者も、もっと大胆にアピールしないといけませんね。交換法則が成り立つということは、本当にスゴイことなのです。

　考えてみてください。世の中のさまざまな事象、ほとんどの場合、交換法則は成り立たないんですよ。

・パンツをはいてから、ズボンをはく
・本を読んでから、感想文を書く
・ドアを開けてから、中に入る
・皮を剥いてから、食べる
・服を脱いでから、風呂に入る
・パソコンを立ち上げてから、ソフトを使う
・お金を払ってから、領収書をもらう

ね、順序をまちがえるとなんだかおかしいですよね。
　これらの例と減法や除法とは、ずいぶん性格が異なっているの

で、同じに考えることはできません。なかばお遊び気分でリストアップしました。

しかし、順序を崩せば、なんらかの不都合が生じるということは、わかっていただけたでしょう。だから世の大人は、「物事には順序がある」と言うのです。

ところが、加法と乗法は交換法則が成り立つのです。「順序なんて関係ねぇ」なのです。なかなかスゴイ奴なのです。これを計算に利用しない手はないですよね。

45 + 38 + 55
2 × 27 × 5

なんて問題がでたら、頼みますから頭からやらないでください。

ここは、交換法則の出番です。

45 + 55 + 38
2 × 5 × 27

とやれば、わりとあっさり計算できます。

行列の場合は……

乗法でも、交換法則が成り立たない場合があります。

高校の数学で、2行2列の行列を学習します。行列の乗法の場合、交換法則は成り立ちません。ご注意を。

$$\begin{vmatrix} 1 & 2 \\ 3 & 4 \end{vmatrix} \times \begin{vmatrix} 5 & 6 \\ 7 & 8 \end{vmatrix} = \begin{vmatrix} 1\times5+2\times7 & 1\times6+2\times8 \\ 3\times5+4\times7 & 3\times6+4\times8 \end{vmatrix}$$

$$= \begin{vmatrix} 19 & 22 \\ 43 & 50 \end{vmatrix}$$

$$\begin{vmatrix} 5 & 6 \\ 7 & 8 \end{vmatrix} \times \begin{vmatrix} 1 & 2 \\ 3 & 4 \end{vmatrix} = \begin{vmatrix} 5\times1+6\times3 & 5\times2+6\times4 \\ 7\times1+8\times3 & 7\times2+8\times4 \end{vmatrix}$$

$$= \begin{vmatrix} 23 & 34 \\ 31 & 46 \end{vmatrix}$$

逆数

性格が違う2人のほうが、相性がいい!?

💡 どちらの割り算がやりやすい？

生徒たちに尋ねます。
「どちらのタイプの割り算がやりやすいですか？」

　　A ...... 12 ÷ 4　　　　B ...... 12 ÷ 5

　Aタイプが楽だと答える生徒が多いなか、ニヤッと笑ってBタイプがやりやすいと答える生徒がいます。どうしてBタイプのほうが楽なのか、理解できない生徒が多いようです。
「12 ÷ 4」と「12 ÷ 5」を比べているのではありません、どちらのタイプがやりやすいかを聞いているのです。

　次の問題なら、そのことがよくわかるでしょう。

　　A ...... 168 ÷ 12　　　B ...... 168 ÷ 11

　あなたはどちらがやりやすいですか？　ここまできて、ようやくこちらの真意が伝わります。
「そうか、Bタイプのほうが楽なんだ」

$$A \cdots\cdots 168 \div 12 = \frac{168}{12} \quad B \cdots\cdots 168 \div 11 = \frac{168}{11}$$

実際には、Aは約分できます。だから、約分できないBのほうが楽なのです。約分しなくてよいのですから！

割り算は、結果をまず分数で表しましょう。そのあと、必要なら約分してください。

> 割り算の答え（商）は、まず、分数で表す
> 必要なら、そのあとに約分を！

計算をうまく進めるコツは、なるべく計算しないことです。

答えが分数になるから難しいのではなく、分数にすることで楽になるのだと考えましょう。

割り算はしない！

加法と減法は、加法に統一できると述べました。同様に、乗法と除法は、乗法に統一できます。除法を乗法で表す方法については、小学校で学習しています。復習しましょう。まずは、「逆数」という言葉を思いだしてください。

> $a \times b = 1$ のとき、
> aとbはたがいに他の「逆数」という

たとえば、5 の逆数は $\frac{1}{5}$、$\frac{3}{4}$ の逆数は $\frac{4}{3}$ です。
では、除法を乗法に言い換えてみましょう。

3 で割る　　　→ $\frac{1}{3}$ をかける

− 5 でで割る　→ − $\frac{1}{5}$ をかける

$\frac{2}{7}$ で割る　　　→ $\frac{7}{2}$ をかける

という感じで進めれば、すべての除法を乗法で表すことができます。

> ある数で割るには、その逆数をかければよい

いくつか例を示しましょう。

$$168 \div 11 = 168 \times \frac{1}{11} = \frac{168}{11}$$

$$(-3) \div (-5) = (-3) \times \left(-\frac{1}{5}\right) = \frac{3}{5}$$

累乗

... 同じことを何度もかいてられません！

❓ 電話の向こうで計算してもらう

たとえば、電話の相手に、次の式を伝えるとします。

5×7×29×48

たぶんあなたは、「5かける7かける……」と伝えますよね。ほかの方法はあまり考えにくいです。

では、次の式ならどうですか？

15×15×15×15×15×15

「15かける15かける……」とやりますか？ もちろんそれでもいいですが、「15を6回かけてください」と伝える方法もあります。後者のほうが気がきいていると思うのですが、いかがでしょう？

　同じ数を繰り返しかけ算するなら、それなりの便利な表現があるということです。利用しない手はありません。

 累乗って？

　同じ数をかけ合わせるときには、次のように表します。

$$2 \times 2 \times 2 = 2^3 \quad \cdots\cdots \text{「2の3乗」と読む}$$
　└ 3個 ┘　　指数

$$2 \times 2 \times 2 \times 2 \times 2 \times 2 \times 2 \times 2 \times 2 \times 2 \times 2 = 2^{11}$$
$$\cdots\cdots \text{「2の11乗」と読む}$$

$$a \times a \times a \times a \times \cdots\cdots \times a \times a \times a \times a = a^n$$
　└──────── n 個 ────────┘

　このように同じ数をいくつかかけ合わせたものを「**累乗**」と呼びます。「a^n」と表したとき、右肩の数 n は「**指数**」と呼ばれ、かけ合わせた個数を示しています。また、このときの a を「**底**」といいます。

平方と立方

　5^2 とかいて、「5の**自乗**」「5の**平方**」と読むことがあります。また、5^3 とかいて、「5の**立方**」と読むことがあります。

　中学生を相手に、

第 1 章 数と式

「『cm²』を『平方センチメートル』って読むでしょう」
というと、
「本当だ。『平方』って、もう習ってたんだ」
という反応が返ってきます。
　少し話がそれますが、次の問題をやってみてください。

【問題】
縦の長さが 3cm、横の長さが
4cm の長方形の面積を求めよ

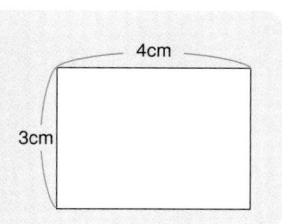

　もちろん、生徒たちは簡単に答えを求めます。
「12」
「ちゃんと単位もつけて言ってごらん」
「12 平方センチメートル」
「どうやって求めたの？」
「3 × 4」
「ちゃんと単位もつけて言ってごらん」
「3cm × 4cm」
「ほら、『cm』を 2 回かけたでしょう。だから、『平方センチメートル』は、右肩の指数が 2 なんだよ」
── また、生徒から「へぇ〜」という声が聞こえます。
　しかし、なぜだか「平方」という言葉は、彼らの頭から簡単に消えてしまうようです。そうならないように、きわめつけに北島三郎の『与作』を歌うことにしています。♪ヘイヘイホー！

JASRAC 出 0802631-801

指数法則

…「2の−3乗」だって、へっちゃら！

💡 指数を足し算する？

$2^3 \times 2^2$ を求めましょう。

$$2^3 \times 2^2 = (2 \times 2 \times 2) \times (2 \times 2)$$
$$= 2 \times 2 \times 2 \times 2 \times 2$$
$$= 2^5$$

指数の部分だけを見てください。3 + 2 = 5 となっています。累乗同士のかけ算では、指数を足し算すればよいですね。

$$
\begin{array}{ccc}
3 & + \ 2 \ = & 5 \\
\uparrow & \uparrow & \uparrow \\
2^3 & \times \ 2^2 \ = & 2^5
\end{array}
$$

> 指数を足せばいいんだ！

💡 指数を引き算する？

次は、割り算。たとえば、$2^5 \div 2^3$ です。

$$2^5 \div 2^3 = \frac{2 \times 2 \times 2 \times 2 \times 2}{2 \times 2 \times 2} \ \cdots\cdots ①$$
$$= 2 \times 2$$
$$= 2^2$$

途中の計算を飛ばして、最初と最後だけ見ると、以下のような式になっています。

$$2^5 \div 2^3 = 2^2$$
$$\uparrow \qquad \uparrow \qquad \uparrow$$
$$5 \; - \; 3 \; = \; 2$$

指数だけの部分を見ると、5−3 = 2 となっています。累乗同士の割り算では、指数を引き算すればよいということがわかります。

ここまで理解できれば、「指数法則」を紹介してもいいでしょう。

> 【指数法則】
> $a^m \times a^n = a^{m+n}$
> $a^m \div a^n = a^{m-n}$
> $(a^m)^n = a^{m \times n}$

「2の0乗」っていくら？

では、$2^3 \div 2^3$ はどうなりますか？ 指数法則を使えば、次のようになります。

$$2^3 \div 2^3 = 2^{3-3} = 2^0 \cdots\cdots ②$$

あれ？ 2^0？ 変なものが登場しましたよ。「2の0乗」って、どういうことでしょう？

同じ計算を前ページの①式のように、分数の形式でまじめにやってみましょう。

$$2^3 \div 2^3 = \frac{2\times2\times2}{2\times2\times2} = 1 \cdots\cdots ③$$

従って、②式，③式を比較して、以下のことがわかります。

$$2^0 = 1$$

2の0乗は1です。3の0乗も、4の0乗も1なのです。説明されてもなんだか納得できないかもしれませんが、「aの0乗は1」と約束することで、ほかの計算との関係が崩れずにすむのです。

💡「2の−1乗」っていくら？

指数が負の数の場合でも、大丈夫ですよ。
「2の−1乗」を求めましょう。「2の−1乗」を考えるには、次のような状況をつくりだせばいいですね。

$$2^{-1} \times 2^1 = 2^0 = 1$$

になるので、ここから、2^{-1} は、2^1 の逆数であることがわかります。つまり、$\frac{1}{2}$ です。

第1章 数と式

一般的に次のことが成り立ちます。

$$a^{-m} = \frac{1}{a^m}$$

💡 「2の$\frac{1}{2}$乗」っていくら？

さらに、指数が分数の場合でも、小数の場合でも定義することができます。ここでは、指数が$\frac{1}{2}$の場合だけ紹介しておきましょう。

$2^{\frac{1}{2}} = \sqrt{2}$

一般的に次のことが成り立ちます。

$$a^{\frac{1}{m}} = \sqrt[m]{a} \ (a \text{の} m \text{乗根})$$

41

文字式

計算力じゃなくて、ものごとの本質を見抜く力……かな？

❓ 文字式は、なにに使うのか？

こんな話があります。おじいちゃんの誕生日に、高校生の孫がiPodのようなMP3プレーヤーをプレゼントしたと思ってください。さっそく孫は「ここがオン・オフのスイッチで……」と説明を始めます。しかし、それを制しておじいちゃんが言いました。
「これは一体、なにをするための機械なんじゃ？」

そうなんです。まずは、そこを教えてあげないといけませんよね。
「音楽を聴くための機械だよ！」

本当は、音楽だけではありませんね。映像も見ることができますし、ゲームも楽しめます。しかし、入り口としては、これくらいの説明でいいのではないでしょうか。

では、「**文字式**」はなにをするためのものなのでしょうか？ iPodのように、機能はたくさんあります。でも、ここでは「入り口」の説明をしたいと思います。

あるお店で、消しゴムを1個買ったら代金が50円でした。3個買ったら150円、8個買ったら400円でした。ここまでのところ、OKですね？

第1章 数と式

では、問題です。10個買ったらいくらでしょうか？

500円？　残念でした。このお店は、10個買うと1個分の代金を安くしてくれるのです。だから、450円なんです。

ずるい？　でも、こういうことってよくありますよね。

💡 文字式を使うと、こんなときに便利！

では、これならどうですか？

「消しゴム a 個で $50a$ 円」

この表現は、文字式を習っていない人にとっては、少し難しいかもしれません。しかし、知っている人にとっては、これほど曖昧さがなく厳密な表現方法は、ほかにありません。何個買っても、高額の代金をふっかけられることはないし、サービスしてもらえることもない――ということまでわかります。ある意味、誠実なお店だといえますよね。

そういうことまで伝えることができる、それが文字式の大切な機能の1つなんです。

【文字式の機能】
・数量の関係や法則を簡潔に表現できる
・数量の関係や法則を一般的に表現できる
・数量の関係や法則を形式的に処理できる　など

💡 式の値を求めましょう

1個50円の消しゴムをa個買ったときの代金は、$50a$円と表すことができます。

消しゴム3個の代金を求めたいときは、aの代わりに3を入れて計算すればいいですね。

$$50x \underset{=}{} \; \text{を入れて計算する}$$
$$50 \times 3 = 150$$

（③を入れて計算する）

150円だということがわかります。

このように、式の中の文字aの代わりに3を入れることを、「aに3を**代入**する」といいます。「代わりに入れる」から、「代入」なんですね。

このときの3を文字aの値、代入して計算した結果150を$a=3$のときの「**式の値**」といいます。

第1章 数と式

💡 数学なんて計算さえできてりゃいいんだ!?

　お肉屋さんでお肉を買うとき、お店の人は重さを量ります。最近では、量りにお肉を乗せたとたんに金額が表示される仕組みの量りをよく見かけます。大変、便利ですよね。

　どうしてすぐに金額が表示されるのか？　それは、金額を求めるための式があらかじめ量りにプログラムされているからです。100gが500円のお肉なら、1gが5円ということになります。そのお肉をxg買った代金は、$5x$円と表すことができます。そして、量りに内蔵されたマイコンが、乗せたお肉の重さを式に代入し、その計算結果を表示しているというわけです。

　これからの社会、私たちはもっともっとコンピュータのお世話になるでしょう。代金はコンピュータが計算してくれますが、「100gが500円のお肉」ということは、人間が入力しないかぎり、誰もやってくれません。このとき、数量の関係を文字式で表す力のある人、代入して計算をする力のある人が、きっと頭角を現すと思うのですが、みなさんはどう思われますか？
「数学なんて計算さえできてりゃいいんだ」
　生徒たちからもよく聞く声です。しかし、今後ますます計算力だけでは太刀打ちできない社会になるのではないか、と考えています。

文字式のルール

文字式は「使用上の注意」をよく読んでから……

🔍 文字式の「使用上の注意」

一般的に文字を使った式のことを「**文字式**」と呼びます。文字式を使うにはいくつかのルールがあり、大きくまとめると5つになります。

たった5つだけなのですが、それぞれに注意すべき点があって、そのことが中学生の頭を悩ませているようです。

【文字式の決まり】
　①乗法の記号×を省く
　②数と文字の積では、数を文字の前にかく
　③いくつかの文字の積は、ふつうアルファベット順にかく
　④同じ文字の積は、累乗の形にかく
　⑤除法の記号÷を使わず、分数の形にかく

🔍 バカにしないでよ！

まず、①と②。大変よく知られているルールです。
「$3 \times a$」を「$3a$」、「$b \times 5$」を「$b5$」とかかずに、「$5b$」と表すということです。

ただし、「$1a$」「$-1a$」とはかきません。それぞれ「a」「$-a$」とかきます。

× 1a 　　○ a
× − 1a 　　○ − a

　かけ算の記号を省くだけだと思われがちですが、これ、簡単なようで、難しいですよ。
　生徒に次のように質問します。

先生:「3 × 5（さんかけるご）は？」
生徒:「15」
先生:「正解！　じゃあ、3 × a（さんかけるエイ）は？」
生徒:「???」

　この質問の流れで、きちんと「3a」と答えるのは、初心者には至難の業だと思います。
「3 と a をかけ算したら、3a？　バカにしてんのか？」
と感じる生徒も多いでしょう。
　文字式「3a」には、3 と a をかけるという「操作」を表す面と、3 と a をかけた「結果」を表す面があるのです。これは、慣れるまではかなりのハードルだと思います。

💡 「ふつう」は、アルファベット順

　次は、順番についてのルールです。
　③いくつかの文字の積は、普通アルファベット順にかく
これは「acb」とかかずに、「abc」とかく——ということです。

×acb　　○abc

ただし、③のルールには、「ふつう」とあります。つまり、「かならず」ではないということです。相手にわかりやすく伝えるために、アルファベット順にこだわらない場面があるということです。「**対称式**」「**交代式**」と呼ばれる式がそうです。

> 対称式……式に含まれるどの2つの文字を入れ替えても、式が変わらない
> 　例：$a+b+c$, $ab+bc+ca$, abc
> 交代式……式に含まれるどの2つの文字を入れ替えても、式の符号だけが変わる
> 　例：$(a-b)(b-c)(c-a)$

たとえば、$ab+bc+ca$ は対称式です。3番目の項は ca となっていますが、これを ac にしてしまうと、$a \to b \to c \to a \to b \to c$ ……という「循環」が崩れてしまうのです。

中学校の段階では少ないですが、数学の勉強を続けていると、アルファベットの循環にこだわってかいたほうがわかりやすいという場面がやがて登場します。

第1章 数と式

🔍 帯分数のようなかき方はしない

残り2つのルールです。

　　④同じ文字の積は、累乗の形にかく
　　⑤除法の記号÷を使わず、分数の形にかく

④については、別の項目で述べましたね。「aaa」とかかずに、「a^3」とかく——ということです。

　　× aaa　　　○ a^3

⑤については、注意がいくつかあります。

$\frac{a}{5}$ を $\frac{1}{5}a$ とかくことがあります。しかし、$\frac{2a}{b}$ を $2\frac{a}{b}$ と表現するのは許されません。文字式では、帯分数のようなかき方はしないのです。

　　× $2\frac{a}{b}$　　　○ $\frac{2a}{b}$

$\frac{2a}{b}$ のように分数の形にかかれた式では、分母の b は0でない数を表すというのが暗黙の了解です。

数学の基礎 割, ％

安くなるんだろうけど、いくらなのかはわからない？

💡 いくら安くなるの？

悲しくなる現実があります。ある女子高生から聞きました。

お店で「レジにて30％引き」という案内があると、「安くなる」ということはわかるそうです。「20％引き」よりも「30％引き」のほうが、割引率がよいというのもわかるそうです。

ところが、商品をレジに持って行って金額を聞く（見る）まで、その商品がいくらになるのかわからないというのです。

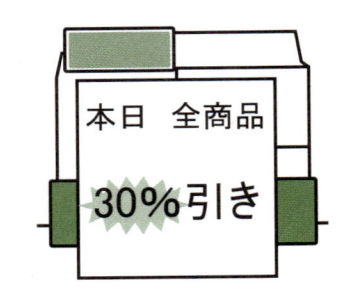

最近の高校生ですから、必要なら携帯電話の電卓機能くらい使うことができます。しかし、電卓を持っていても、どうすればよいのかがわからないというのです。

困りました。

彼女は、割や％が「割合」を表すということはわかっているし、数値の大小が割合の大小を示すこともわかっています。

アニメ『宇宙戦艦ヤマト』で、ヤマトが波動砲を発射するときの有名な台詞に、

「エネルギー充填120％！」

があります。彼女がこの台詞を聞けば、100％以上にエネルギーを詰め込んでいるのだと理解はできるのです。

第1章 数と式

　では、どうして、2,000円のTシャツが30％引きでいくらになるのかがわからないのでしょうか？

　割合が登場する計算は、生徒たちにはかなり高いハードルのようです。ここでは、そのハードルを低くするためのヒントを紹介します。

💡 まず、「半分」で考えよう！

　小さな子どもは、よく「半分ちょうだい！」などと言います。「半分」なら、なんだか認識しやすいですね。やってみましょうか。

　　10万円の半分
　　8リットルの半分
　　500mの半分
　　70kgの半分

などといいますが、ここで大事なのは、「半分」という言葉は、独立しては使えないこと。かならず、「〜の半分」という使われ方をします。「〜」の部分は、ふつう「**もとになる量**」と呼ばれます。

　では、次に、それぞれの答えを求めてみましょう。みなさんもぜひやってください。

　　10万円の半分　　　→　5万円
　　8リットルの半分　 →　4リットル
　　500mの半分　　　 →　250m
　　70kgの半分　　　　→　35kg

　どうやって計算しました？　「半分」ですから、2で割りましたか？　それでもよいのですが、もう少し読み進めてください。

💡 「半分」を数値で表す！

先の4つの例では、もとになる量は異なりますが、「半分」というのは同じです。では、この「半分」というところを別の表現に変えてみましょう。

（もとになる量）		（割合）
10万円	の	半分
8リットル	の	2分の1
500m	の	50％
70kg	の	5割

「50％」というのは、「100等分したうちの50個」ということです。「％」とは、「per cent」。つまり「100につき」という意味です。

では、まず、500mを100等分してみましょう。これくらいなら暗算でやれそうです。

500 ÷ 100 = 5 ……①

次に、その50個分を計算してみましょう。

5 × 50 = 250 ……②

できました。答えは、250mです。そうなんです。無理して一度に計算しようとせず、まず100で割って、次に何個分かをかけ算すればよいのです。

> 500mの50％は
> 500mを100等分したうちの50個

💡 50％は、100等分したうちの50個

2つの式に分けないで、かっこよく1つの式で計算したいという人は、さらに読み進んでください。

先ほど、「50％」というのは「100等分したうちの50個」と述べました。「100等分したうちの50個」というのは、分数でいえば $\frac{50}{100}$ です。これを「もとになる量」にかければよいのです。

$$500 \times \frac{50}{100} = 250$$

「もとになる量」と「割合」をかければ、あなたが求めたい数値が求まるのです。

一方、「5割」というのは、「10等分したうちの5個」です。従って「70kgの5割」は、

$$70 \times \frac{5}{10} = 35 \text{ (kg)}$$

> 70kgの5割は70kgを10等分したうちの5個ね！

ということがわかります。

ちなみに、「‰」という記号もあります。これは千分率を表す記号で「パーミル (per mill)」と読みます。1‰といえば、「1000等分したうちの1個」という意味です。

「ppm (ピーピーエム)」というのも聞いたことがありますよね。これは、"parts per million"、つまり百万分率を表しています。

割合を示す単位には、ほかにも ppb, ppt, ppq などがあります。

ppb ……十億分率　parts per billion
ppt ……一兆分率　parts per trillion
ppq ……千兆分率　parts per quadrillion

💡 「レジにて30％引き」に困らない！

ちょっと、まとめておきましょう。

> 1％ …… 100等分したうちの1つ …… $\frac{1}{100}$
>
> 1割 …… 10等分したうちの1つ …… $\frac{1}{10}$

売り場に「レジにて30％引き」を見つけたら、これからはレジに持って行く前に、自分で計算してみてください。

この場合、値札の金額から「30％」を「引く」ということです。値札の金額を「100％」と考えるのですから、そこから30％を引けば、70％しか残りません。つまり、値札の金額に $\frac{70}{100}$ をかけ算すればよいのです。

30％引きは70％ということよ！

慣れてくれば、すぐに計算できるようになりますよ。買い物じょうずになりましょうね。

単項式と多項式

数学の基礎

... 多項式は、順序よく並べるのがエチケット

🔍 単項式

数や文字をかけあわせた形の式を、「**単項式**」といいます。「項が1つ(単数)の式」ということなのですが、これがなかなか難しい。

$$8,\ 3x,\ 4ab,\ -2x^2y,\ \frac{x}{2},\ \frac{3}{y}$$

上記の6つの式のうち、始めの5つは単項式です。

最初の「8」には文字がありませんが、「$8 = 1 \times 8$」のように拡大解釈すればよいでしょう。

5番目も、割り算だと思われるかもしれません。しかし、

$$\frac{x}{2} = \frac{1}{2} \times x$$

と考えれば、確かに数と文字の積の形になっています。

6番目の$\frac{3}{y}$は、分母に文字があります。これはふつう、単項式とは呼びません。

🔍 多項式

単項式をいくつかつなげると、「**多項式**」ができあがります。ただし、「8」と「$3x$」をつなげて「$83x$」とかくと、別の意味になってしまいます。こういうときは、省略していた正の符号を必要に応じて復活させてください。

$$8 + 3x$$

💡 同じ穴の狢(むじな)

多項式の中で、文字の部分がまったく同じである項を「同類項」といいます。

この「同類項」という用語は、日常会話で使われることもありますね。「俺とあいつは同類項」なんていうと、一見違うように見えても、実は同類であることを意味します。「同じ穴の狢」に似てますね。

$$7a + 6b - 5a - 2b$$

ここで、aをリンゴ、bをバナナと考えてみましょう。たぶん、そんなことを考えなくても、$7a$と$-5a$、$6b$と$-2b$が同類項であることはわかりますね。

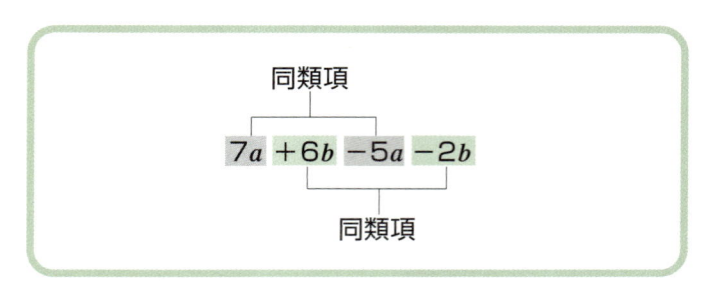

同類項
$7a \ +6b \ -5a \ -2b$
同類項

💡 同類項をまとめよう

さて、同類項は、計算して1つの項にまとめることができます。つまり、リンゴはリンゴ同士、バナナはバナナ同士でまとめることができるのです。

$$7a + 6b - 5a - 2b$$
$$= 7a - 5a + 6b - 2b$$
$$= 2a + 4b$$

これで、終わりです。

> 同類項は、計算して1つの項に
> まとめることができる

「$2a+4b$」のように、項が2つある状態を「答え」とするのがなんだか不安になって、むりやり「$6ab$」とする生徒がいます。気持ちはわかりますが、それではリンゴとバナナのミックスジュースです。$2a$ と $4b$ はいわば「異類項」、これ以上まとめることはできません。「$2a+4b$」という式は、$2a$ と $4b$ とを足すという「操作」と、その「結果」の両方の概念を表しています。ここのところが、中学1年生には難しいところなのです。

次数

数学の基礎 ... $5x^2 - 3x + 4$ はどうして「2次式」なの？

💡 かけあわされた文字の個数を調べる

次の2つの単項式を見てください。それぞれの項に含まれている文字の個数について見ていきます。

$$5x^2 \qquad -3x$$

かけあわされた文字の個数を、その項の「**次数**」といいます。

最初の単項式「$5x^2$」は「$5 \times x \times x$」ということですから、2個の文字の積を含んでいます。次数は2です。2番目の単項式「$-3x$」は、文字を1つしか含んでいません。次数は1です。

> $5x^2 = 5 \times x \times x$
> 文字が2つだから
> 次数は2！

💡 この式は、何次式？

次の多項式を見てください。3つの項がありますね。

$$5x^2 - 3x + 4$$

最初の項「$5x^2$」は2個の文字の積を含んでいますから「2次の項」と呼ばれます。

2番目の項「$-3x$」は、文字を1つしか含んでいません。これは、「1次の項」です。

最後の項には、文字がありません。「0次の項」と呼ぶべきところですが、数だけの項の場合は「定数項」と呼ばれることのほうが多いです。

$$5x^2 - 3x + 4$$
2次の項　1次の項　定数項

この多項式 $5x^2-3x+4$ の中では、$5x^2$ の次数2がいちばん大きいですね。そこで、この多項式は「2次式」と呼ばれます。

$4x - 2$ ………… 1次式
$x^2 + 5x - 4$ …… 2次式
$a^3 - 7a$ ………… 3次式

次数がもっとも大きい項に注目すれば、何次式なのかはすぐにわかります。いまの中学校の教科書では、1年生で1次式、2年生で2次式が登場します。

💡 多項式では、順序よく！

さあ、もう1つ多項式をだしましょう。

$7 + 5x^2 - 2x$

今度は、定数項、2次の項、1次の項の順に並んでいます。最大の次数が2ですから、2次式ですね。

しかし、この並べ方はうまくありません。次数の順に並べてみましょう。

$$5x^2 - 2x + 7 \quad \text{降冪の順}$$
$$7 - 2x + 5x^2 \quad \text{昇冪の順}$$

多項式をかく場合は、エチケットして、どちらかの順にしておきましょう。

> 多項式では、次数の順に項を並べる

第1章 数と式

数学の基礎 — 係数

係数の1はかかない？　かいてもいいじゃないの！

💡 私に係ってきなさい！

　誰かと話をしていて、どうも相手に伝わっていない、相手の話がどうもよくわからない。おかしいなと思って、後日、再度同じ話をしてみたら、ある言葉について、お互いが違う意味で使っていたことがわかった――そんな経験、みなさんにもあるかと思います。

　数学という学問では、そういうことを極力避けたい。だから、用語の使用については、しっかり理解しておくことが必要です。

この本では、数学用語の使い方についても、わかりやすくかいているつもりです。

さて、「係数」を定義します。数と文字の積で、数の部分をその文字の「係数」といいます。ただ、これだけです。

$5x$ …… x の係数は5
$-2x^2$ … x^2 の係数は-2

では、次の式を見てください。

$2x^2 + x - 8$

x^2 の係数は、2ですね。では、x の係数はなんでしょう？ x の前に数字がかいてありません。だから0？ いえいえ、「$+x$」というのは、「$+1x$」ということです。「1」が省略されているだけなのです。従って、「x の係数」の係数は、1です。

ほかにもまちがえやすい例を紹介しておきましょう。

$-x$ …… x の係数は-1

$\dfrac{x}{2}$ …… x の係数は $\dfrac{1}{2}$ ※ $\dfrac{1}{2} \times x$ と考える

$\dfrac{3x}{4}$ …… x の係数は $\dfrac{3}{4}$ ※ $\dfrac{3}{4} \times x$ と考える

> $\dfrac{x}{2}$ の場合は、$\dfrac{1}{2} \times x$ と考えるといいよ

💡 1のときは、1をかかない！

「$1 \times x$」のことを「$1x$」とかかず、たんに「x」とかくのはなぜなのでしょう？

あなたが駅で切符を買うとします。最近の切符の販売機には、便利なボタンがあります。「大人1人」「子ども1人」「大人2人」「大人1人と子ども1人」「大人2人と子ども1人」「大人2人と子ども2人」などなど。金額のボタンを押す前に、必要な枚数のボタンを先に押せば、複数枚の切符を一度に購入することができます。

私1人分の切符を買うときに、ドキドキしながら実験したことがあります。「大人1人」のボタンを押さずに、いきなり金額のボタンを押したのです。

そうしたらどうなったか？ 当然、その額面の切符が1枚だけ発行されました。もちろん、大人1人のものです。特になんの断りもない場合は、「大人1人」のボタンを押さなくても、大人1人分の切符を発行する設定なのです。

もちろん、「大人1人」のボタンを押してから、金額のボタンを押しても、同じ結果になります。同じ結果になるのなら、労力の少ないほうがいいじゃないか――という考え方です。

$$1x + 1x + 1x + 1x + 1x + 1x + 1x$$
$$x + x + x + x + x + x + x$$

　この2つの式が同じ内容を表しているとすれば、係数の「1」をかくのはどう考えてもめんどうです。だったら、みんなでかかないルールにしようということです。

　あいさつをしてもしなくても、生活はできます。でも、あいさつのある生活のほうが気持ちいいですよね。「1」をかいてもかかなくてもいいのなら、かかないでおこう——数学はそんな選択をしたわけです。数学には情がないなんてことをいう人がいますが、こんなところからきているかもしれませんね。

　いやいや、数学を勉強する者なら、あいさつなんて堅いことは抜きでいこう——私はそう思っているのですが……。

第1章 数と式

等式

数学の基礎 … 中学生なら「＝」を「イコール」と読んでほしいその理由

❓「3＋2＝5」と「5＝3＋2」

2つの式や数を等号「＝」を使って結びつけた式を「等式」といいます。「1＋1＝2」だって、等式です。ずいぶん早くから学習しているのですが、「等式」という言葉は、中学1年生の教科書に始めて登場します。

まずは、次の4つの等式を見てください。

$$3＋2＝5 \cdots\cdots A$$
$$3＋4＝5 \cdots\cdots B$$
$$5＝3＋2 \cdots\cdots C$$
$$5＝3＋4 \cdots\cdots D$$

> C式ってこれでいいの？

ここで問題です。正しい等式はどれでしょう？

みなさんなら、AとCが正しくて、BとDがまちがっているとすぐにわかると思います。

ところが、小学生の中には（中学生の中にも）、C式が不安で不安で仕方がないという子どもがいます。これを読んでいるみなさんは、不安の原因がわかりますか？

💡 「なります」の等号

A式「3 + 2 = 5」を、小学校では「3たす2は5」と読みます。これは、「3たす2は5（になります）」ということで、「〜になります」の部分が省略されているのです。英語でいえば、"3 plus 2 makes 5."です。

小学校では「〜になります」の場面で等号「=」を使うことが圧倒的に多いので、先のC式を不安に思う子どもたちが多いのです。私はこれを「**なりますの等号**」と呼んでいます。

単純に「〜になります」という意味なら、化学反応式のように「→」を使ったっていいのです。そのほうが、子どもたちにはわかりやすいかもしれません。

$$3 + 2 \rightarrow 5 \cdots\cdots A'$$

> 3たす2は
> 5（になります）

💡 「等しい」の等号

しかし、等号の本来の意味は違います。等号の左側（左辺）と右側（右辺）が「等しい」ということを表しているのです。「なりますの等号」に対して、「**等しいの等号**」と呼んでいます（「頭が頭痛」みたいですが……）。

だから、中学生になって、いつまでも「3たす2は5」と読んでいるのは、ちょっと恥ずかしいのです。では、なんと読めばいいのでしょうか？

3プラス2 等しい5 ………いいかもしれません
3プラス2 イコール5 ……これが一般的です

英語でも "3 plus 2 equals 5." と表現します。
中学生のみなさんは、「等しいの等号」なんだと意識するためにも、ぜひ「イコール」を使ってくださいね。

数学の基礎 奇数、偶数
…文字式のありがたみを痛感します

💡 (偶数)＋(偶数)？

中学2年の数学で、こんな問題が扱われます。

> 【問題】
> 偶数と偶数との和が、偶数になることを説明せよ。

漠然とした問題です。

(偶数)＋(偶数)＝(偶数)

を証明せよということなのです。

2＋4は偶数になります。6＋10も偶数になります。しかし、この問題は、「偶数」というものすべてを一度に片づけてしまえ！——って感じがしますね。この問題に初対面だったら、一体どこから手をつけていいのかさっぱりわからないというのもうなづけます。そこで、偶数というものを深〜く見つめなおすことが必要になります。

💡 どうやって説明しようかな？

偶数といえば、2, 4, 6, 8, 10, ……というように2で割り切れる数です。「なぁんだ」と言って、次のように説明を始めた生徒がいました。

2＋2＝4	4＋2＝6	6＋2＝8	8＋2＝10	……
2＋4＝6	4＋4＝8	6＋4＝10	8＋4＝12	……
2＋6＝8	4＋6＝10	6＋6＝12	8＋6＝14	……
2＋8＝10	4＋8＝12	6＋8＝14	8＋8＝16	……
⋮	⋮	⋮	⋮	⋱

「これでどう！」

　このようにかき並べて、すべての偶数に関して、結果が偶数になることを確かめようというのです。スゴイ意気込みです。

　しかし、一体どれくらい続ければよいのでしょう？　偶数なんて無限に存在するのですから、いつまで計算したって終わりがきません。

　追い打ちをかけるようですが、この生徒は「2＋2＝4」からスタートしていますが、実は0だって、−2だって、−4だって偶数です。

　ダメです、あきらめましょう。「書き並べる方法（**外延的定義**）」では、説明はムリなのです。

💡 偶数とは？

　では、どうするか？　ここで、文字式の登場です。文字式を使って、偶数を定義するのです。

　ここで、偶数の特徴をもう少し深く見てみましょう。

「『偶数』ってどんな数？」
と生徒に尋ねると……

  ① 「2, 4, 6, 8, 10, ……みたいな数」
  ② 「2で割り切れる数」

　両方ともまちがいではありません。しかし、①のようにかき並べる方法では、太刀打ちできないと述べました。

  ③ 「かけ算の九九の『2の段』だ！」

と言う生徒もいます。なかなかよい着眼です。
　②と③は、ほとんど同じことをいっています。つまり、こんな感じですね。

$$2 = 2 \times 1$$
$$4 = 2 \times 2$$
$$6 = 2 \times 3$$
$$8 = 2 \times 4$$
$$10 = 2 \times 5$$

💡 文字式はありがたい

　さて、それぞれの式の「似たところ探し」をすると、以下のことがわかります。

  （偶数）＝ 2 × ○

　○のところには、1, 2, 3, 4, ……のような整数が入ります。従って、次のように表せます。

(偶数) ＝ 2 ×(整数)

　これが偶数の正体なのです！　では、もう一歩進んで、整数を"n"という文字で表してみましょう。

(偶数) ＝ $2n$

> n を整数とすると、偶数は $2n$ と表すことができる

　やった！　偶数を、文字を使って表すことができました！　先ほどの外延的定義に対して、このような定義の仕方を「内包的定義」といいます。

　この式は、スゴイのですよ。「$2n$」というたった2文字で、すべての偶数を表しているのです。世の中のすべての偶数を「$2n$」で代表しているのです。これが、偶数の「本質」なのです。

　さて、奇数ですが、偶数に1を加えた数として考えてみましょう。次のように表されることが多いです。

(奇数) ＝ $2n + 1$

💡 文字式を使うと説明できる

 偶数と偶数との和が、偶数になることを説明するのでした。つまり、この問題では、もう1つ「別の偶数」が登場するわけです。そこで、それを別の整数「m」を使って、「$2m$」と表します。

 これで、役者が揃いました。偶数と偶数の和は、以下のように表すことができます。

$$2m + 2n$$

 しかしこれだけでは、その結果が偶数になることを示すことができません。ここで、分配法則を使って以下のように料理します。

$$2m + 2n = 2(m + n)$$

 右辺に $m + n$ があります。もともと、m は整数、n も整数だったわけですから、その和である $m + n$ も整数です

 ということは、右辺の $2(m + n)$ は「$2 ×$(整数)」の形を示していることになります。これは、文句なしに偶数です。

 本当は、整数と整数の和が整数になるということも、きちんと説明すべきところなのですが、中学、高校段階では「当然のこと」として処理されています。

……というわけで
(偶数)+(偶数)=(偶数)
なのです

第1章 数と式

因数と素数

数学の基礎 … 因数？ 整数を顕微鏡で見ると……

💡 その整数、どんな材料でできているの？

1つの整数がいくつかの整数の積の形に表されるとき、その個々の整数をもとの整数の**因数**（因子）といいます。

しかし、「因数」という言葉の意味は、なかなか定着しません。因数の「因」という漢字に注目して考えてみましょう。

「因」は、「原因」「要因」の「因」です。ちなみに、訓読みでは「因みに」と読みます。

「因数」という言葉を使って伝えたいことは、「その整数は、なにが原因（材料）となってできあがっているの？」ということなのです。最近、野菜や肉などの生鮮食品について、生産・流通の履歴をたどることができること（トレーサビリティ）が求められていますが、それに近い感覚です。

たとえば、30 について考えてみましょう。

$$30 = 3 \times 10$$

このように表せば、30 は 3 と 10 の積であるということがわかり

ます。このとき、「3 と 10 は、30 の因数である」といいます。「30 は、3 と 10 からつくられている」ということです。

💡 数の素（もと）

多くの教科書は、素数について次のようにかいています。

> 【素数】
> 　1 より大きい整数で、1 とその数自身のほかに約数を持たない数

う〜ん、結果としてこれでいいのですが、これでは「素数」という言葉で伝えたいことをほとんど伝えられていないと思うのです。

化学でもよくやることですが、物質をこれ以上小さくできないところまで分解します。そうして、「元素」という考え方が生まれてきました。

では、整数の「素」とはなにか？　整数をこれ以上分解できないというところまで、積の形に分解すればわかります。整数を顕微

鏡で見るような感じです。

たとえば、30 という整数なら、

30 = 2 × 3 × 5

ここまで分解して、ストップです。2, 3, 5 は、これ以上分解できません。

自然数を、これ以上分解できないところまで分解したときに現れる個々の整数を「**素数**」といいます。まさに、「数の素（もと）」です。

この場合、2, 3, 5 は 30 の因数ですから、「因数」という言葉と「素数」という言葉をミックスさせて、「**素因数**」と呼びます。自然数を素因数だけの積で表すことを、「**素因数分解**」といいます。

💡 素数は、1 を含まない

では、なぜ素数に 1 を含めないのでしょうか？ これまで納得できなかった人も多いのでは？

でも、考えてみれば当然です。「素数」とは、「数の素」なのです。素数に 1 を含めると、おかしなことになってしまうのです。

30 = 1 × 30

この式で、30 という数をつくる「数の素」を求める作業を行っているといえるでしょうか？ 「数の素」を求めるといいながら、ふたたび因数として 30 が登場しているのです。これでは、倍率が 1 倍の顕微鏡を覗いているようなものです。

また、こんなことも起きてしまいます。

$30 = 2 \times 3 \times 5 \times 1$
$30 = 2 \times 3 \times 5 \times 1 \times 1$
$30 = 2 \times 3 \times 5 \times 1 \times 1 \times 1$

1を素数に含めると、素因数分解の方法が何通りも存在することになります。1を含めないことで、（かけ算の順序を考えなければ）素因数分解はただ1通りに決まります。これを、「**素因数分解の一意性**」といいます。

1は、素数ではない

従って、最小の素数は2ということになります。偶数の素数は、2だけです。

一方、最大の素数は……、実は、素数はいくらでも大きなものが存在することが証明されています。しかし、存在するのはわかっても、見つけることは非常に難しいのです。2006年9月4日の時点で知られている最大の素数は、$2^{32582657}-1$で、これは9808358桁になるそうです。

素因数分解

約数の個数を求めるのだってカンタン！

💡 素数と合成数

まず、まとめておきましょう。
自然数は、次の3つに分類できます。

> ・素数 …………… これ以上分解できない
> ・合成数 ………… 素数の積で表すことができる
> ・1 ……………… 素数でも合成数でもない

「**合成数**」という言葉は、中学ではでてきません。でも、教えてあげればいいのにね、と思います。「素数」という新しい言葉を覚えたときに、「じゃあ、そうじゃないのはなんていうの？」って気にしている生徒も多いと思うのです。「合成数」という言葉を覚えることで、「素数」がより深く理解できると思うのです。

💡 素因数分解の方法

さて、自然数を素因数だけの積で表すことを「**素因数分解**」といいます。

例として、300を素因数分解してみましょう。

素因数分解を行うには、次のような方法がよく知られています。素数でどんどん割り算を行います。すると最後には、これ以上割り算できない（商が素数になる）ときがきます。

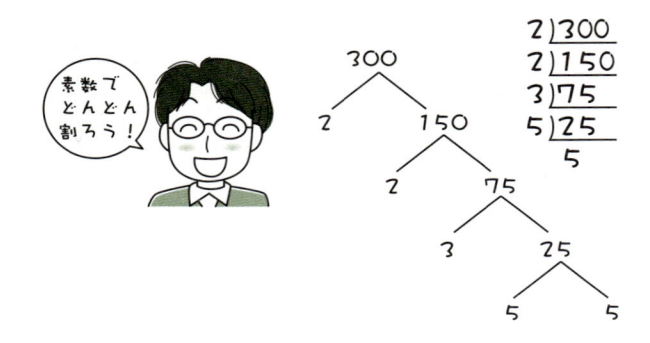

この結果、次のことがわかります。

$$300 = 2^2 \times 3 \times 5^2$$

私はトランプにたとえることが多いのですが、300という数は「2」のカードを2枚、「3」のカードを1枚、「5」のカードを2枚使って表すことができる、ということなのです。

> 【素因数分解】
> 自然数を素因数だけの積で表すこと

素因数分解を使った裏技……約数の個数

素因数分解をすることは、数を顕微鏡で見ることに似ているといいました。細かく分解することで、その数の成り立ちをくわしく知ることができます。

素因数分解の利用法を1つ紹介しましょう。素因数分解をすれ

ば、約数の個数がたちどころにわかってしまう——というものです。

では、例として 300 の約数の個数を求めてみましょう。一体いくつあるのか想像できますか？　まず、300 を素因数分解します。

$$300 = 2^2 \times 3^1 \times 5^2$$

> 1を加える
> $300 = 2^2 \times 3^1 \times 5^2$
> （3, 2, 3）

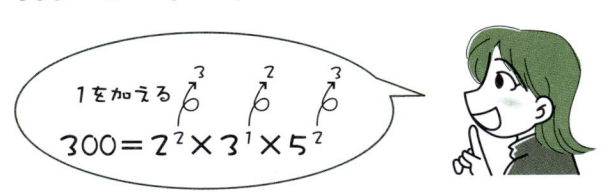

指数（右肩の小さな数）に注目です。3^1 のように、指数の1をかくことはふつうはしないのですが、今回は特別です。そうすると、指数は前から 2, 1, 2 ですね。それぞれに1を足してください。3, 2, 3 になります。これらをかけあわせると、約数の個数が求められます。

$$3 \times 2 \times 3 = 18$$

300 の約数は……、1, 2, 3, 4, 5, 6, 10, 12, 15, 20, 25, 30, 50, 60, 75, 100, 150, 300。確かに 18 個です。

どうして、約数の個数をこんな計算で求められるのでしょうか？

300 の約数はすべて、300 を構成している②，②，③，⑤，⑤ の5枚のカードの積として表すことができるのです。

その5枚のカードの使い方を考えると、

　　②……使わない，1枚使う，2枚使う……3通り
　　③……使わない，1枚使う　　　　　……2通り
　　⑤……使わない，1枚使う，2枚使う……3通り

従って、約数の個数は「3 × 2 × 3 = 18（個）」になるわけです。

> 20 だったら
> ②を 2 枚、
> ⑤を 1 枚使うんだ

💡 平方数

ある自然数を平方（2乗）してできる数を「**平方数**」といいます。具体的にいえば、1, 4, 9, 16, 25, 36, ……などが平方数です。

> 1 は 1 の 2 乗
> 9 は 3 の 2 乗
> 36 は 6 の 2 乗
> 平方してできるから
> 平方数なのね！

では、300 は平方数かどうか？ 素因数分解をすることで、そんなことも簡単に判断できます。

300 を構成しているのは、②, ②, ③, ⑤, ⑤の 5 枚のカードでした。③は 1 枚しかありませんから、平方数であるはずがないのです。

どうしても平方数にしたいのなら、もう 1 枚の③が必要です。300 に 3 をかけ算すれば、平方数の 900（30 の平方）になります。

また、300 を 3 で割るという方法もあります。こうすれば、1 枚（奇数枚）しかない③を取り除くことができるので、平方数（この場合は 100）になります。

第1章 数と式

数学の基礎 エラトステネスの篩（ふるい）
自然数を篩にかけてみると……？

❓ 地球の大きさを測った男

エラトステネス（BC276 ごろ〜 BC196 ごろ）は、古代ギリシアの地理学者、数学者です。彼がやった仕事で有名なのは、やはり、地球の大きさを測ったことでしょう。

古代ギリシアのエラトステネス

> 地球一周は25万スタディアなんじゃ

> うぉー！たった5000kmしか差がないんだ！

彼はエジプトのアレキサンドリアとシエネ（現在のアスワンのあたり）の間の緯線の角度を7度12分、距離を5000スタディア（スタディアは、当時の長さの単位）とし、そこから地球一周を25万スタディアと算出しました。これは、約45000kmということになります。

実際の地球の一周は約40000kmですから、その差は5000km。誤差は約13％です。当時としては、驚くべき精度で測量・計算したということになります。

❓ 自然数を篩（ふるい）にかける!?

篩という道具は、曲物枠の底に、格子状の網を張ったもので、砂と石をより分けたりするときに使います。エラトステネスは小さいころ、砂場で遊んだ経験があったのでしょう。

では、エラトステネスが考案した篩を使って、素数をより分け

てみましょう。自然数を小さい順に並べ、素数の倍数を次々に消去して素数を残していくというものです。

例として、100までの自然数の中から素数を見つけだします。

① 1は素数ではありません。1を消します
② 2は素数です。2に〇をつけ、2以外の2の倍数を消します
③ 3は素数です。3に〇をつけ、3以外の3の倍数を消します
④ 5, 7についても同様にします
⑤ これでフィニッシュです。消されずに残っている数に〇をつけます。〇がついている数が素数です

```
 1  2  3  4  5  6  7  8  9  10
11 12 13 14 15 16 17 18 19  20
21 22 23 24 25 26 27 28 29  30
31 32 33 34 35 36 37 38 39  40
41 42 43 44 45 46 47 48 49  50
51 52 53 54 55 56 57 58 59  60
61 62 63 64 65 66 67 68 69  70
71 72 73 74 75 76 77 78 79  80
81 82 83 84 85 86 87 88 89  90
91 92 93 94 95 96 97 98 99 100
```

100までの素数は何個あるのかな?

🔎 倍数のチェックについて

100までの素数は見つけられましたね。でも、どうして倍数の

チェックを７で止めたのでしょう？　11の倍数のチェックは必要ないのでしょうか？

11以外の11の倍数について見ていきましょう。

22は、２の倍数としてすでに消されています。33は、３の倍数としてすでに消されています。この先、44，55，66，77，88，99，110もすでに消されています。しかし、121は合成数（11 × 11）であるにもかかわらず、まだ生き残っています。

わかりましたか？　「1から121までの整数の中で素数を見つけなさい」という問題なら、11の倍数までチェックする必要があるのです。

一般的に、nの倍数までチェックすることで、1からn^2までの素数を見つけることができます。100までの素数を見つけるなら、10の倍数までチェックが必要ということになります。

しかし、実際は７の倍数までのチェックで十分です。８の倍数、９の倍数、10の倍数については、７の倍数のチェックまでに消されているからです。

~~1~~	②	③	~~4~~	⑤	~~6~~	⑦	~~8~~	~~9~~	~~10~~
⑪	~~12~~	⑬	~~14~~	~~15~~	~~16~~	⑰	~~18~~	⑲	~~20~~
~~21~~	~~22~~	㉓	~~24~~	~~25~~	~~26~~	~~27~~	~~28~~	㉙	~~30~~
㉛	~~32~~	~~33~~	~~34~~	~~35~~	~~36~~	㊲	~~38~~	~~39~~	~~40~~
㊶	~~42~~	㊸	~~44~~	~~45~~	~~46~~	㊼	~~48~~	~~49~~	~~50~~
~~51~~	~~52~~	(53)	~~54~~	~~55~~	~~56~~	~~57~~	~~58~~	(59)	~~60~~
(61)	~~62~~	~~63~~	~~64~~	~~65~~	~~66~~	(67)	~~68~~	69	~~70~~
(71)	~~72~~	(73)	~~74~~	~~75~~	~~76~~	~~77~~	~~78~~	(79)	~~80~~
~~81~~	~~82~~	(83)	~~84~~	~~85~~	~~86~~	~~87~~	~~88~~	(89)	~~90~~
~~91~~	~~92~~	~~93~~	~~94~~	~~95~~	~~96~~	(97)	~~98~~	~~99~~	~~100~~

数学の基礎 式の展開

…困ったときは、2回方式、4回方式さ！

💡 基本は、「かっこを外す」！

また、漢字の話です。

「展開」の「展」という漢字には、「のばす、ひらく、ひろげる」といった意味があります。「展開図」といえば、立体に切り目を入れて平面にしたときの図面です。

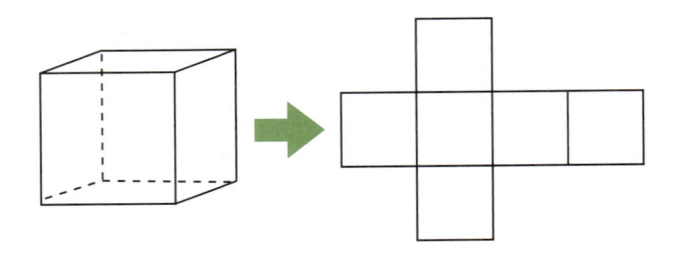

のばす、ひらく
展

「式の展開」の場合も、それに近い感覚です。

単項式と多項式、または多項式と多項式の積の形でかかれた式を、単項式の和の形に表すことが**「式の展開」**です。大ざっぱにいえば、かっこにくるまれている多項式を、かっこを外して、単項式の和の形にするのです。

第1章 数と式

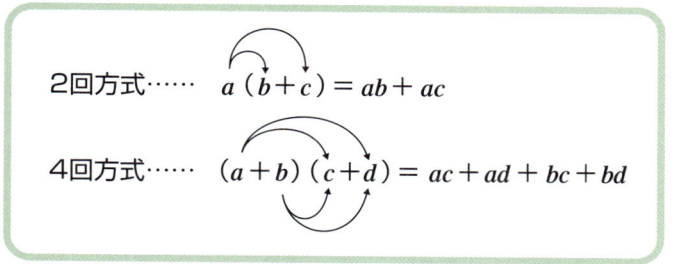

> 2回方式……　$a(b+c) = ab + ac$
>
> 4回方式……　$(a+b)(c+d) = ac + ad + bc + bd$

　私が勝手につくった言葉ですが、上記の「**2回方式**」と「**4回方式**」さえできれば、展開なんてなんとかなります（時間はかかるかもしれませんが……）。

　ただし、「手際よくやりたい」となれば、やはり乗法公式を使うのが便利です。公式を忘れた場合には、「2回方式」「4回方式」に戻ってきてください。

💡 公式を忘れたら……

　式の展開について典型的な例をまとめたものは、「**乗法公式**」と呼ばれます。中学段階では、次の4つが登場します。あとから習う因数分解のためにも、乗法公式は重要です。

> 【乗法公式】
> ① $(x+a)(x+b) = x^2 + (a+b)x + ab$
> ② $(x+a)^2 = x^2 + 2ax + a^2$ ……和の平方
> ③ $(x-a)^2 = x^2 - 2ax + a^2$ ……差の平方
> ④ $(x+a)(x-a) = x^2 - a^2$ ……和と差の積

「公式を忘れたのでできませんでした」
という声をよく聞きます。公式を丸暗記しているだけなのかもしれません。

とても重要な公式なのですが、公式を忘れたから展開ができないというのは本末転倒です。公式は便利のためにあるのです。

草がぼうぼう生えているところでも、同じルートを何度も何度も歩いていれば、やがて地面が踏み固められて、「道」ができあがります。それが、数学でいう「公式」に近い感覚ではないでしょうか。

上記の公式がどのように導かれたのかを理解していれば、公式を忘れたって平気です。

とことん忘れてしまったら、先ほど紹介した「4回方式」でかっこを外すだけです。必要なら、そのあと同類項をまとめてください。確かにスマートではありません。手間もかかります。でも、答えにはかならずたどり着きます。

💡 乗法公式は1つでいい

4つの公式を紹介しました。しかし、覚えるのは少ないほうが楽です。本当は、①式だけで十分なはずです。

①式のbをaに変えれば②式ができます。また、①式のbを$-a$に変えれば④式ができます。

さらに②式のaを$-a$に変えれば、③式ができます。②式と③式は形が非常に似ているので、覚えやすいですね。だから、よく、次のようにまとめて表されることがあります。

【乗法公式】

② & ③　$(x \pm a)^2 = x^2 \pm 2ax + a^2$（複号同順）

「複号同順」という言葉がでてきました。「±」は、「+」と「−」の2つの符号を1つにまとめた「±」を「複号」と呼んでいます。左辺の「±」で、上部の「+」を選んだときは、右辺でも上部の「+」に対応させる——これを「同順」といっています。

【図でわかる乗法公式】

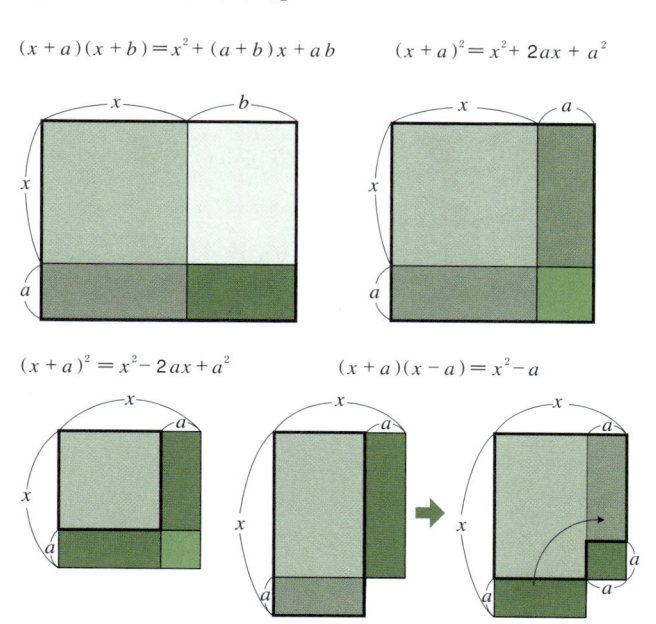

$(x+a)(x+b) = x^2 + (a+b)x + ab$　　　　$(x+a)^2 = x^2 + 2ax + a^2$

$(x+a)^2 = x^2 - 2ax + a^2$　　　$(x+a)(x-a) = x^2 - a$

数学の基礎

因数分解

…なぜか「因式分解」とは呼ばないのです

💡 組み立てるのに、「分解」？

式の展開と因数分解は、いわば裏表の関係にあります。

式の展開のところで、式の展開とは、「まとまっている形の式をバラバラにする」ことだと述べました。私が口にだしていわなくても、生徒たちはそのように感じているようです。

因数分解は展開の逆の行為ですから、「バラバラになっている式を組み立てる」ことになります。

しかし、「組み立てる」作業を「分解」と呼ぶのは、どうも納得がいきません。生徒から尋ねられても、どう伝えたらいいのか困ってしまいます。

これは、整数との関係でとらえるとうまくいきます。例として 12 を因数の積の形で表してみましょう。

$$12 = 2 \times 6 \cdots\cdots ①$$

このとき、「2 と 6 は 12 の因数である」というのでした。このことを「因数の積の形に分解した」という感覚はわかっていただけるでしょう。似たようなことを、数式で行います。

$$x^2+7x+10=(x+2)(x+5)$$

このとき、「$x+2$ と $x+5$ は $x^2+7x+10$ の因数である」といいます。多項式を因数の積の形に分解するから「**因数分解**」です。残念ながら「因式分解」とはいいません。

> $x^2+7x+10=(x+2)(x+5)$ だから、
> $x+2$ と $x+5$ を $x^2+7x+10$ の「因数」という

💡 多項式の素因数分解！？

先の①式は、確かに 12 を因数の積の形に分解しています。まちがってはいません。ただし、6 はまだ分解が可能です（「既約ではない」といいます）。

$$12=2\times 2\times 3=2^2\times 3 \cdots\cdots ②$$

ここまでやってしまえば、これ以上分解することはできません（「既約である」といいます）。これを「素因数分解」と呼ぶのでした。

多項式の因数分解の場合は、かならずこれ以上分解できないところまで分解してください。まだ分解が可能なのに、そのまま放っておいたら、その答案はたいてい×をつけられます。だったら、「多項式の素因数分解」とでも呼べばいいのですが、なぜだかそうは呼ばれていません。

💡 共通因数をくくりだす！

さて、中学段階で習う因数分解の方法は、次の2つです。

> ①共通因数をくくりだす
> ②乗法公式を逆に使う

因数分解と聞けば、すぐに②について考える中高生が多いですが、最初にするのは①「くくりだす」という作業です。

> 共通因数をくくりだす
> $ma + mb = m(a+b)$

上記の式の左辺の2つの項には、mという**共通因数**があります。ここに注目して、$m(a+b)$ と因数分解します。この作業を「共通因数をくくりだす」といっています。①に気がつかずに、②ばかりを考えて何時間も悩まないようにしてください。

例　　$5x - 10$ ……共通因数は5
　　$= 5(x-2)$

第1章 数と式

数学の基礎 平方根
…「平方の木の根っこ」という考え方！

💡 平方の木

　私は中学校で平方根を習ったとき、大変なショックを受けました。分数で表せない数がある！　いままで習ってきた数は、数のうちのほんの一部だったんだ！　みなさんは、どうでしたか？

　知らない世界がある！　数の世界の広がりを、まるで大海原に船で漕ぎだすときのドキドキとして感じてもらえたら、数学を教えるものにとってこれほどうれしいことはありません。

　さて、平方根といえば、$\sqrt{}$ の記号のことだと、条件反射する人がいます。しかし、まずは $\sqrt{}$ なんて記号は知らないんだという状態に戻ってください。中途半端に知っていると、けがをしますよ。いいですか？

　では、イメージしましょう。

　ここに1本の木があります。この木にはめずらしい特徴があって、根っこから吸ったものを、平方して（2乗にして）花を咲かせます。たとえば、根っこから5を吸い込めば、25の花が咲くのです。わかりやすいですね。

　では、逆に考えてみましょう。いま、49という花が咲いています。この木はいったい

どんな数を根っこから吸い込んだのでしょう？

7ですか？　正解です。でも、7だけですか？　いえいえ、もう1つ、−7がありますね。

では、もう1問。36という花が咲いています。根っこから吸った数はなんでしょう？

もちろん、+6と−6です。2つまとめて、±6とかく場合もありますよ。こっちのほうが便利でスマートですね。

「±」の記号は、漢字の「土」に似ています。そこで私は、「根っこといえばつち『土』だね」と言っています。

次は、少しだけ数学らしい表現にしましょう。

「2乗して9になる数はなんですか？」

問題の中に、「花」や「根っこ」がなくなりましたが、大丈夫ですよね。答えは、±3です。

💡 平方根とは？

さあ、いよいよです。

2乗するとaになる数を、aの**平方根**（自乗根、2乗根）といいます。「平方の根っこ」という意味ですね。この平方根という用

第 1 章 数と式

語を使うことで、ダラダラした文章から逃れられます。積極的に使いましょう。

では、100 の平方根は？　はい、±10 ですね。

0 の平方根は？　これは 0 だけです。

−16 の平方根は？

正の数も負の数も、2 乗すればかならず正の数になります。つまり、負の数の平方根は、(実数の範囲では) 存在しません。

ここまで、まとめておきましょう。

> 2 乗すると a になる数を、a の平方根という
> 　正の数の平方根は、2 つある
> 　0 の平方根は、0 だけである
> 　負の数の平方根は、(実数の範囲では) ない

これで、平方根という言葉の説明は終わりました。ほらね。説明の中で $\sqrt{\ }$ の記号は一度も登場していません。平方根の説明には、$\sqrt{\ }$ なんて必要なかったのです。

> ホントだ！
> 平方根の話なのに
> $\sqrt{\ }$ がでてこなかった

ちなみに、「3 乗して a になる数」のことを、「a の立方根 (3 乗根)」といいます。また、一般に「n 乗して a になる数」のことを、「a の n 乗根」といいます。

√（根号）

手強い平方根は、√を使って表すのです

💡 いつも整数とはかぎらない！

「平方根」というくらいですから、地面（土）をイメージしてください。みなさんは、いまから「平方根」という名前の地下の世界を探検するヒーロー、ヒロインです。

地下探検の際にどうしても持っておいてほしいアイテムが、√（根号）です。これがあれば、平方根の世界をかなり楽に歩くことができます。いつ使うことになるか、楽しみにしてください。

では、先ほどの「平方の木」の話に戻ります。

25の花が咲いているとき、根っこから吸い込んだ数（平方根）は、±5でした。

では、7の平方根はなんでしょう？ 2乗して7になる正の数を見つけてみましょう。

これは、「$○^2 = 7$」の○に当てはまる数を見つけることと同じ作業です。さて、○の中に入るのはなんでしょう？

2ですか？ $2^2 = 4$ですから、少し足りませんね。では、3ですか？ $3^2 = 9$ですから、今度は少しオーバーです。

第1章 数と式

$2^2 = 4$
$○^2 = 7$
$3^2 = 9$

（吹き出し）2の2乗は4！少し足りない
（吹き出し）3の2乗は9！少しオーバー

　上記のように考えれば、○にあてはまる数が、2と3の間にあることがわかります。つまり、求めるべき7の平方根は小数になるのです。

　どうやら平方根の値には、整数になるときと小数になるときがあるようです。

💡 整数で表せる平方根

平方根が整数で表せるような数を並べてみましょう。

```
0の平方根 ── 0
1の平方根 ── ±1
4の平方根 ── ±2
9の平方根 ── ±3
16の平方根 ── ±4
25の平方根 ── ±5
```

以下、36, 49, 64, 81, 100, 121, 144, 169, 196, 225, 256, 289, 324, 361, 400, ……と続きます。

これらの特徴は、ある数の2乗になっている（平方数）ということです（考えてみれば、当然のことですね）。平方数については、20^2 くらいまでは、暗記しておくと大変便利です。

💡 整数で表せない平方根

平方数以外の数の平方根は、整数で表すことができません。では、先ほどの7の平方根はいくらだったのでしょうか？ 実は、こんな小数になります。

> 7の平方根── ±2.64575131106459……

これは大変ですね。どこまでも続く小数（無限小数）になってしまいました。しかも、繰り返しがありません（非循環小数）。整数で表せない平方根が登場するたびにこんなに長い〜〜小数をかいていては、非常に効率が悪いです。

そこで、7の平方根を手っ取り早く表現する方法が考えだされました。それが $\sqrt{}$ です。

だから、難しくなんかありません。簡単に表現するために、この記号は生まれました。中学生の諸君には、ここのところをぜひ理解してほしいものです。

💡 $\sqrt{}$（根号）

7の平方根の正のほうを $\sqrt{7}$、負のほうを $-\sqrt{7}$ と表します。ですから、今後「7の平方根は？」と尋ねられたら、答え方は2通り

あります。

　　その1　7の平方根──± 2.64575131106459……
　　その2　7の平方根──±√7

　その1、その2のどちらを使うかは、必要に応じて変えてくださいね。

　さて、√ は「ルート」と読みます。また、この記号自体は「根号」と呼ばれます。「ルート」は英語でつづるとroot、「根」「根元」などという意味があります。

　昔、『ルーツ』というテレビドラマが大ヒットしましたが、あれも同じ意味です。だから、次のように平方根をとらえましょう。
「ある数を2乗したら7になりました。では、2乗する前のもともとの数、根っこにある数はなんでしょう？」

　これが、7の平方根、±√7 なのです。

　この記号が初めて登場したのは16世紀の前半。そのころの記号には、√ の上の横棒がありませんでした。rootの語源はラテン語のradixです。√ の記号は、radixの頭文字rを変形してかいたものだといわれています。

　では、最後に、重要な確認を。
「√7 を2乗したら、いくつ？」
　頼みますから、「え〜と」なんて言わないでくださいよ。2乗して7になる数が±√7 です。だから、√7 を2乗すると7になります。

$$\sqrt{7} \times \sqrt{7} = 7$$

数学の基礎 平方根の大小
― 一夜一夜に人見頃、富士山麓オウム鳴く ―

💡 平方根の大小

面積が $10\,\mathrm{cm}^2$ の正方形と $15\,\mathrm{cm}^2$ の正方形があります。1辺の長さの2乗が面積ですから、それぞれの1辺の長さは、$\sqrt{10}\,\mathrm{cm}$、$\sqrt{15}\,\mathrm{cm}$ ということになります。当然、$\sqrt{10}$ と $\sqrt{15}$ では、$\sqrt{15}$ のほうが大きいことが実感できます。

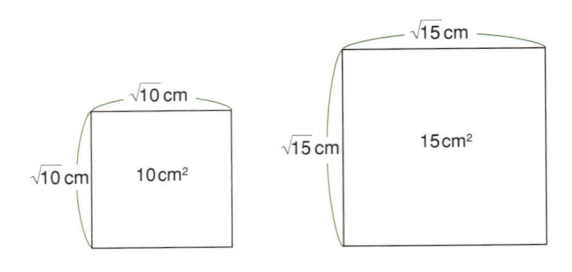

正の数 a があるとき、次のことが成り立ちます。

$$a < b \text{ ならば } \sqrt{a} < \sqrt{b}$$

💡 挟み撃ちすれば、だいたいわかる！

実際の $\sqrt{15}$ の値は、電卓を使えばあっという間にわかります（8桁くらいですが……）。しかし、電卓がなくったって大ざっぱな値でよいのならわかりますよ。

「挟み撃ち方式」を使います。まずは、平方数（自然数を2乗して

できる数)を頭の中に並べます。

$$1^2 \quad 2^2 \quad 3^2 \quad 4^2 \quad 5^2 \quad 6^2 \quad \cdots\cdots$$
$$\| \quad \| \quad \| \quad \| \quad \| \quad \| \quad \cdots\cdots$$
$$1 \quad 4 \quad 9 \quad 16 \quad 25 \quad 36 \quad \cdots\cdots$$
$$\underset{15}{\vee}$$

15は、3^2と4^2の間にあります。そのことから、$\sqrt{15}$が3と4とに「挟み撃ち」にされていることがわかります。

$$3^2 < 15 < 4^2 \quad \cdots\cdots 15は3^2と4^2の間$$
$$\downarrow$$
$$3 < \sqrt{15} < 4 \quad \cdots\cdots \sqrt{15}は3と4の間$$

従って、$\sqrt{15}$は3と4の間にあることがわかります。
実際の値は、次のとおりです。

$$\sqrt{15} = 3.87298334620741 \cdots\cdots$$

> 挟み撃ちすれば
> だいたいわかるのね

💡 語呂合わせで覚えよう

よく使う平方根の値については、暗記していると便利です。昔からの語呂合わせがありますので、次のページで紹介します。

それぞれ5～8桁の近似値です。本来、四捨五入をしなければならないところを、語呂を優先させている場合もありますので、ご注意ください。

【平方根の値を語呂合わせで覚えよう！】

$\sqrt{2} = 1.4142135623730 \cdots\cdots$
　　一夜一夜に人見頃（ひとよひとよにひとみごろ）

$\sqrt{3} = 1.73205080756887 \cdots\cdots$
　　人並みに奢れや（ひとなみにおごれや）

$\sqrt{4} = 2$

$\sqrt{5} = 2.23606797749978 \cdots\cdots$
　　富士山麓オウム鳴く（ふじさんろくおうむなく）

$\sqrt{6} = 2.44948974278317 \cdots\cdots$
　　似よよくよく（によよくよく）

$\sqrt{7} = 2.64575131106459 \cdots\cdots$
　　菜（7）に虫いない（なにむしいない）

$\sqrt{8} = 2.82842712474619 \cdots\cdots$
　　ニヤニヤ呼ぶな（にやにやよぶな）

$\sqrt{9} = 3$

$\sqrt{10} = 3.16227766016837 \cdots\cdots$
　　人麻呂は三色に並ぶ（ひとまろはみいろにならぶ）

$\sqrt{3} = 1.73205080756887\cdots\cdots$
　　人並みに奢れや
　　（ひとなみにおごれや）

次はフレンチの達人の店で…

ええっ!?

人並みにね

平方根の性質

平方根のかけ算は、「ババ抜き方式」で！

平方根の性質

「平方根の性質」といえば、次のことをいいます。

> a,b が正の数のとき、次のことが成り立つ
>
> $\sqrt{a} \times \sqrt{b} = \sqrt{ab}$ ……①
>
> $\sqrt{a} \div \sqrt{b} = \sqrt{\dfrac{a}{b}}$ ……②
>
> $\sqrt{a^2 \times b} = a\sqrt{b}$ ……③

特に、①式と②式は、こんなわかりやすくていいのか！ と思えるくらいわかりやすいです。だって、具体的に数値を使っていえば、

$$\sqrt{2} \times \sqrt{3} = \sqrt{2 \times 3} = \sqrt{6}$$

$$\sqrt{10} \div \sqrt{5} = \sqrt{\dfrac{10}{5}} = \sqrt{2}$$

ってことですよ！ 根号の中だけ計算すればそれでいいなんて、本当に楽でわかりやすいですよね。

> ホント！
> わかりやすい

ところが、①式と②式があまりにもわかりやすいために、次のようなミスをやってしまうのです。

$$\sqrt{6} \times \sqrt{2} = \sqrt{12}$$

💡 $\sqrt{12}$ のなにがどういけないのか？

$\sqrt{6} \times \sqrt{2} = \sqrt{12}$ のどこがいけないのでしょうか？

実は、平方根の計算では、「根号の中をできるだけ小さい自然数にする」という原則があります。$\sqrt{12}$ は、まだ小さくすることができるのです。そのときに平方根の性質の③式を用います。

$$\begin{aligned} \sqrt{6} \times \sqrt{2} &= \sqrt{12} \\ &= \sqrt{2 \times 2 \times 3} \\ &= 2\sqrt{3} \end{aligned}$$

このとおり、$2\sqrt{3}$ とすればよかったのです。

根号の中は、できるだけ小さい自然数に！

【問題】
次の計算をせよ。

$$\sqrt{20} \times \sqrt{40}$$

この問題、まずどうしますか？ これまで、次のようにやっていた人は要注意です。

第1章 数と式

$$\sqrt{20} \times \sqrt{40} = \sqrt{800}$$

これは「ミス」というよりは、野球でいう「フィルダースチョイス（野手選択）」に近いでしょうか。つまり、もっとよい方法があるのに、それをしなかったために、回り道をしてしまった（あるいは、正解に至らなかった）ということです。

💡 ババ抜き方式

$\sqrt{20} \times \sqrt{40}$ の説明をする前に、再度お聞きします。

「$\sqrt{7}$ を2乗したら、いくつ？」

まだ、「え〜と」なんて言ってますか？ $\sqrt{7} \times \sqrt{7} = 7$ ということでしたね。ほかにも……、

$$\sqrt{3} \times \sqrt{3} = 3$$
$$\sqrt{5} \times \sqrt{5} = 5$$

この計算は、なにかに似てる！ トランプのババ抜きです！

根号 $\sqrt{}$ は、あなたの手と考えてください。あなたの手の中に数字が書かれたトランプがあります。同じ数字が2枚そろったら、1つにそろえて場にだせるのです。

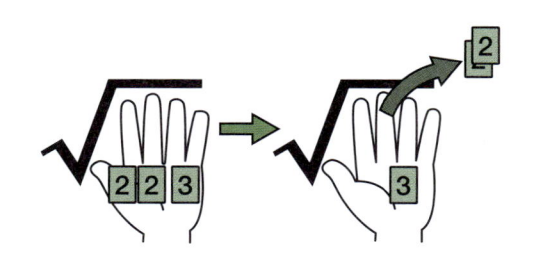

ね、まったくのババ抜きでしょ。この「ババ抜き方式」を生徒たちに教えるとおもしろいように、平方根の計算が速くなります。実は、平方根の性質の③式は、このババ抜き方式そのものなのです。

🤔 むずかしい計算はやらない！

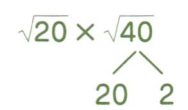

$$\sqrt{20} \times \sqrt{40}$$
$$\phantom{\sqrt{20} \times \sqrt{}}\diagdown\diagup$$
$$\phantom{\sqrt{20} \times }202$$

　この「ババ抜き方式」を、先の $\sqrt{20} \times \sqrt{40}$ に利用します。コツは、「計算しないで、頭を使う！」ってことです。

　「40」というトランプは、「20 × 2」という2枚のトランプに分解することができます。

　ほら、これで「ババ抜き方式」が使えます。「20」というカードが2枚そろいましたから、根号の外にだせます。根号の中には「2」だけが残ります。従って、$20\sqrt{2}$ です。

　いきなりかけ算をして、$\sqrt{800}$ なんてことをやっていると、あとが大変です。数を分解して、どうにかして同じカードにならないか──そんなふうにババ抜き方式を楽しんでください。

数学の基礎 平方根表

近ごろなかなか見かけることのないレアな表です

第1章 数と式

🔍 平方根の値の求め方

$\sqrt{10}$ と $\sqrt{11}$ なら、$\sqrt{11}$ のほうが大きいですね。根号の中の数の大小を比べれば、それはすぐに判断ができます。

では、$\sqrt{11}$ の値はいくらでしょう?

いまならあたり前のように「$\sqrt{}$ キー」のついた電卓が安い値段でありますが、そんなものがないころはどうしていたのでしょうか?

実は、「開平法」という方法があります。筆算のような形で平方根の値を求める方法です。開平法をくわしく説明するには紙面の余裕がありませんが、パソコンや電卓を使わずとも、人力で平方根の値を求めることは可能なのです。ただし、精度を上げようとすると大変な時間がかかります。そこで、目的に応じた精度で値を求めることになります。

また、「平方根表」というものもあります。これは、平方根の値(4桁)を表にしたものです。巻末に4ページに渡って平方根表を掲載しました。いまとなっては、なかなか手に入らない表ですよ。

🔍 平方根表の見方

平方根表は、$\sqrt{1.00}$ ～ $\sqrt{9.99}$ までの値を示したものと、$\sqrt{10.0}$ ～ $\sqrt{99.9}$ まで示したものがあります。それらの値を左から右に見ていくと、少しずつ値が大

この貴重な平方根表を使ってみよう

105

きくなっていく様子が実感できます。こういうことは、電卓ではなかなかできないことです。

さて、表の見方を簡単に説明しましょう。

たとえば、$\sqrt{6.23}$ を調べます。表の左端を縦に見ていくと、「6.2」が発見できます。最上段には、0から9の数が並んでいます。従って、$\sqrt{6.23}$ は「6.2」の行と「3」の列との交わったところを見ればよいわけです。「2.496」ですね。

ただし、この値は小数第4位を四捨五入したものです。本来は、2.49599679486974……なのですが、これだけの小さい表にまとめるのですから、4桁程度しか載せられません。

数	0	1	2	3	4	5	6
6.0	2.449	2.452	2.454	2.456	2.458	2.460	2.462
6.1	2.470	2.472	2.474	2.476	2.478	2.480	2.482
6.2	2.490	2.492	2.494	2.496	2.498	2.500	2.502
6.3	2.510	2.512	2.514	2.516	2.518	2.520	2.522
6.4	2.530	2.532	2.534	2.536	2.538	2.540	2.542

💡 だいたいの値が即座にわかる便利さ

では、$\sqrt{6.235}$ を調べたいときは、どうしますか？ 6.23は表にありますが、6.235は表にありません。

頭を使います。$\sqrt{6.23}$ の近似値は2.496で、$\sqrt{6.24}$ は2.498です。ならば、きっと、$\sqrt{6.235}$ の近似値はその間の2.497だろうと推測できますよね。

そんな単純な考え方でいいのと思われるかもしれません。このような値で不満なら、精度を上げて計算するしかありません。先

便利だったんだから
昔はみんなこれを使っていたのよ！

第 1 章 数と式

ほども述べましたが、高度に精密なものをつくるのなら、それなりに平方根の値も精度を上げるしかないのです。しかし、「だいたいの値が即座にわかる」ということも大切です。そういう意味で、この平方根表は本当に重宝されていたのです。

💡 こんなときはどうするの？

$\sqrt{62.3}$ の調べ方は大丈夫ですね。「62」の行と「3」の列との交わったところを見てください。「7.893」です。

数	0	1	2	3	4	5	6
60	7.746	7.752	7.759	7.765	7.772	7.778	7.785
61	7.81	7.817	7.823	7.829	7.836	7.842	7.849
62	7.874	7.88	7.887	7.893	7.899	7.906	7.912
63	7.937	7.944	7.95	7.956	7.962	7.969	7.975
64	8.000	8.006	8.012	8.019	8.025	8.031	8.037

「へぇ、$\sqrt{6.23}$ と $\sqrt{62.3}$ は、根号の中身はよく似ているのに、その値は全然違うんだ」
という感想をもってもらえたら、大変うれしいです。

では、$\sqrt{623}$ の値はどうでしょう？ これは次のように考えます。

$$\begin{aligned}
\sqrt{623} &= \sqrt{6.23 \times 100} \\
&= \sqrt{6.23} \times \sqrt{100} \\
&\fallingdotseq 2.496 \times 10 \quad (\fallingdotseq \text{は、「ほぼ等しい」の意味}) \\
&= 24.96
\end{aligned}$$

このように、$\sqrt{623}$ の値は $\sqrt{6.23}$ の 10 倍になります。ですから、数字の並び方はまったく同じで、小数点の位置が動くだけです。

$\sqrt{6230}$ はといえば、$\sqrt{62.3}$ のグループです。$\sqrt{62.3}$ の 10 倍の 78.93 になります。

🔍 $\sqrt{6230000}$ の値を求めよ！

では、こんな問題。

> 【問題】
> 平方根表を使って、次の平方根の近似値を求めよ。
> $\sqrt{6230000}$　　　$\sqrt{0.623}$

さあ、$\sqrt{6230000}$ は、$\sqrt{6.23}$ のグループでしょうか、それとも、$\sqrt{62.3}$ のグループでしょうか？　簡単に見破る方法があります。

$$\sqrt{6\,23\,00\,00.}$$

上記のように小数点の位置から2桁ごとに区切りの線を入れます。すると、6と2の間に区切りが入りました。これは、$\sqrt{6.23}$ のグループであることを示しています。

小数点から2桁ごとに区切りの線を入れて……っと

$\sqrt{6.23}$ のグループなら、数字の並びは、2, 4, 9, 6 です。この並びで区切りと区切りの間に数字を配置します。

$$\underset{\sqrt{6\,23\,00\,00.}}{2\,4\,9\,6}$$

つまり、$\sqrt{6230000}$ の近似値は 2496 です。

第1章 数と式

💡 √0.623 の値を求めよ！

次に、√0.623 です。同様に、小数点の位置から2桁ごとに区切りの線を入れます。0.623に続けて0を並べておくと考えやすいかもしれません。

$$\sqrt{0.62\,30\,00\,00}$$

2と3の間に区切りが入りました。これは、√62.3 のグループであることを示しています。数字の並びは、7, 8, 9, 3です。この並びで、区切りと区切りの間に数字を配置します。7を置く位置をまちがえないようにしましょう。

$$\sqrt{0.62\,30\,00\,00} = 7\,8\,9\,3$$

小数点は7の前にあります。従って、√0.623 の近似値は 0.7893 です。

めんどうですか？

確かに値を求めるだけなら、電卓で一発なんです。しかし、この方法だと平方根と平方根の関係がわかって、ほのぼのしてて、なんだか情緒が感じられるのです。

ほのぼの〜

数学の基礎 循環小数
あなたは、7分の1を小数で言えますか？

🔍 有限小数

小数の話をしましょう。

小数は大きく2つに分類することができます。小数部分がどこまでも続く小数 (**無限小数**) と、終わりのある小数 (**有限小数**) です。

$$\text{小数} \begin{cases} \text{有限小数} \\ \text{無限小数} \end{cases}$$

たとえば、4.26は小数部分が0.26で終わっていますから、有限小数です。

有限小数は、分数で表すことができます。分数の形にするのは、それほど難しいことではありません。

$$4.26 = \frac{426}{100} = \frac{213}{50}$$

🔍 無限小数

続いて、無限小数です。

$1 \div 3$ を計算すると、その結果が $0.33333333\cdots\cdots$ のように、3がどこまでも続きます。これが「無限小数」です。小数部分がかぎりなく続くので、きりがありません。仕方なく「……」でごまかすことになります。

その無限小数は、2つに分類することができます。同じ数の繰り返しがある「循環小数」と、繰り返しのない「非循環小数」です。

```
小数 ─┬─ 有限小数
      └─ 無限小数 ─┬─ 循環小数
                    └─ 非循環小数
```

💡 循環小数

循環小数をいくつか紹介することで、循環小数をイメージしてもらいましょう。

  0.22222222 ……
  0.14141414 ……
  3.257257257 ……
  0.142857142857142857 ……

それぞれ「2」「14」「257」「142857」が繰り返されていますね。このような小数が循環小数です。繰り返されている部分を「循環節」、その桁数を「周期」と呼んでいます。

どこまでも続く小数をかくのは大変ですので、便利な記号があります。上記の4つの小数は、それぞれ下記のように表します。循環節の始まりと終わりの数の上に「・（ドット）」をつけておくのです。

  $0.\dot{2}$ $0.\dot{1}\dot{4}$ $3.\dot{2}5\dot{7}$ $0.\dot{1}4285\dot{7}$

循環小数を分数で

循環小数は、分数で表すことができます。例として、$0.1\dot{4}$ を分数で表してみましょう。

$x = 0.1\dot{4}$ とします。　　　$x = 0.14141414\cdots$ ──①
両辺を 100 倍します　$100x = 14.14141414\cdots$ ──②
②−①を求めます　　　$99x = 14$
従って、　　　　　　　$x = \dfrac{14}{99}$

うまいですね。

②式から①式を引くことで、無限に循環する部分をズバッと消去することができました。これで、$0.1\dot{4}$ が $\dfrac{14}{99}$ であることがわかりましたね。ちなみに、紹介したほかの循環小数も分数で表しておきましょう。

$$0.\dot{2} = \frac{2}{9} \qquad 3.\dot{2}5\dot{7} = \frac{3257}{999} \qquad 0.\dot{1}4285\dot{7} = \frac{1}{7}$$

💡 7分の1の覚え方

よく登場する分数については、小数の値を暗記しておくと便利です。

【覚えておきたい分数】

$$\frac{1}{2} = 0.5$$

$$\frac{1}{3} = 0.33333333\cdots\cdots$$

$$\frac{1}{4} = 0.25$$

$$\frac{1}{5} = 0.2$$

$$\frac{1}{6} = 0.16666666\cdots\cdots$$

$$\frac{1}{7} = 0.142857142857142857\cdots\cdots$$

$$\frac{1}{8} = 0.125$$

$$\frac{1}{9} = 0.11111111\cdots\cdots$$

$$\frac{1}{10} = 0.1$$

どう考えても、$\frac{1}{7}$ の循環節「142857」が暗記しづらいですね。そこで、その暗記の仕方をこっそり披露しましょう。ただし、これはたんなる暗記法なので、なぜそうなるのだといわれても困ってしまいます。

【$\frac{1}{7}$ を小数で表すと……】

(1) 7を2倍して「14」

(2) さらに2倍して、「28」

(3) さらに2倍して、1を加えて「57」

　注：この「1」は、当然 $\frac{1}{7}$ の分子の「1」と覚えよう！

(4) これを循環させると、
　　0.142857 142857 142857……
が得られる

　ちなみに、整数を7で割って割り切れない場合には、かならず「142857」の並びがやってきます。試してみてください。

有理数と無理数

…世の中には、分数で表せない数がある！

🅿 無理数の登場！

循環小数は、分数で表すことができます。

ところが、非循環小数は、どんなにがんばっても分数で表すことができません。繰り返し部分（循環節）がないので、分数にできないのです。中学生なら、ここが驚く場面ですよ。

小数は分数で表すことができるし、分数は小数で表すことができる——ぼんやりとそんなふうに思ってきた生徒が多いのですが、実際は違うのですね。

（吹き出し：分数で表せない数字がある……）

分数で表せない数、これを「無理数」といいます。逆に、分数で表すことができる数を「有理数」といいます。従って中学生段階の「数」は、大きく有理数と無理数に分類することができます。

```
数 ── 有理数（整数、分数、有限小数、循環小数）
    └ 無理数（非循環小数）
```

有理数は rational number を日本語にしたものです。ratio とは、ラテン語で「道理」「理性」という意味とともに、「比」という意味があります。「比の形で表すことができる数」くらいの意味ですね。

有理数も無理数も、言葉としては中学校の教科書から消えていたのですが、新しい学習指導要領では復活するようです。

💡 小学校でも登場していた無理数

$\sqrt{2}$ や $\sqrt{5}$ は、無理数です。繰り返し部分のない無限小数になります。

実は、小学校でもたった1つだけ無理数を学習しています。円周率 π です。みなさんは何桁目までいえますか？

また、高校で学習する自然対数の底 e も無理数です。

> $\pi = 3.1415926535\ 8979323846\ 2643383279\ 5028841971\cdots$
>
> $e = 2.7182818284\ 5904523536\ 0287471352\ 6624977572\cdots$

ただし、$\sqrt{2}$，$\sqrt{5}$ と π，e とは、性格が異なる無理数です $\sqrt{2}$ は2乗すれば整数になります。ところが、π や e は何乗して

≡ SoftBank Creative

「科学の世紀」の羅針盤

science・i

サイエンス・アイ新書

表示価格はすべて
税込み価格です。

ソフトバンク クリエイティブ 株式会社
東京都港区赤坂4-13-13

図書案内
2008 MARCH Vol.11

3月の新刊

SIS-058 人体 セックスレスは問題なのか?
脳にも性別がある?

みんなが知りたい 男と女のカラダの秘密

著者:野口哲典　　定価1,000円　ISBN978-4-7973-4457-8

SIS-059 人体 脱メタボのための
生活習慣カイゼン法

その食べ方が死を招く

著者:health クリック　　定価1,000円　ISBN978-4-7973-4467-7

SIS-060 工学 ジャンボジェットを超える
オール2階建て巨大機の開発から就航まで

エアバスA380 まるごと解説

著者:秋本俊二　　定価1,000円　ISBN978-4-7973-4671-8

SIS-061 数学 数と式、方程式、関数、
あなたのつまづきは、これで解消!

楽しく学ぶ数学の基礎

著者:星田直彦　　定価1,000円　ISBN978-4-7973-4406-6

サイエンス・アイ新書 好評既刊一覧

SIS-054 科学 | 彼らが「一流」である理由はどこにあるのか?
スポーツ科学から見たトップアスリートの強さの秘密
著者:児玉光雄
定価945円
ISBN978-4-7973-4578-0

SIS-053 理工系 | エジソンとテスラ、発明の神に学ぶ
天才の発想力
著者:新戸雅章
定価945円
ISBN978-4-7973-4281-9

SIS-052 化学 | 現代を生きるために必要な科学的基礎知識が身につく
大人のやりなおし中学化学
著者:左巻健男
定価1,000円
ISBN978-4-7973-4283-3

SIS-051 物理 | 現代を生きるために必要な科学的基礎知識が身につく
大人のやりなおし中学物理
著者:左巻健男
定価1,000円
ISBN978-4-7973-4282-6

SIS-050 生物 | 六時虫、凶暴なブタ、伝説の毒鳥、陸を行く魚…
おもしろすぎる動物記
著者:實吉達郎
定価945円
ISBN978-4-7973-4419-6

SIS-049 数学 | パズルを解くよりおもしろい
人に教えたくなる数学
著者:根上生也
定価1,000円
ISBN978-4-7973-4418-9

SIS-048 IT | 職人ロボットから医療ロボットまで人の暮らしを変えたキカイたち
キカイはどこまで人の代わりができるか?
著者:井上猛雄
定価1,000円
ISBN978-4-7973-4455-4

SIS-046 医学 | 一滴の血液でがんがわかるアルコールは太らない
健康の新常識100
著者:岡田正彦
定価1,000円
ISBN978-4-7973-4201-7

SIS-044 PC | 基本操作からオススメSIMまで、楽しさ100倍!
セカンドライフ 日本語版ハンドブック
著者:山路達也、田中拓也、リアクション
定価1,000円
ISBN978-4-7973-4325-0

SIS-043 心理 | 青い色で簡単ダイエット? 関西人が派手なわけは?
マンガでわかる色のおもしろ心理学2
著者:ポーポー・ポロダクション
定価1,000円
ISBN978-4-7973-4404-2

SIS-041 宇宙 | ハッブル&すばる望遠鏡が見た137億年宇宙の真実
暗黒宇宙で銀河が生まれる
著者:谷口義明
定価1,000円
ISBN978-4-7973-4193-5

SIS-040 理工系 | その仮説は本当に正しいか
科学的に説明する技術
著者:福澤一吉
定価945円
ISBN978-4-7973-4123-2

SIS-039 地学 | 発生のメカニズムと予知研究の最前線
地震予知の最新科学
著者:佃 為成
定価1,000円
ISBN978-4-7973-4410-3

SIS-038 生物 | ペンギンの行進はどうやって教えるのか? レッサーパンダはなぜ2本足で立てるのか?
みんなが知りたい動物園の疑問50
著者:加藤由子
定価1,000円
ISBN978-4-7973-4234-5

SIS-037 科学 | 天然繊維とスーパー繊維の素材と機能性の秘密
繊維のふしぎと面白科学
著者:山崎義一
定価945円
ISBN978-4-7973-4193-2

SIS-036 科学 | 宇宙、銀河、太陽系、時間、種、生命、人類、その始まりにズバリ迫る!
始まりの科学
編著:矢沢サイエンスオフィス
定価1,000円
ISBN978-4-7973-3929-1

SIS-034 地学 | つくられかたから性質の違い、日本で取れる鉱物まで
鉱物と宝石の魅力
著者:松原 聰・宮脇律郎
定価1,000円
ISBN978-4-7973-4127-0

SIS-033 科学 | 味覚センサーが解明した仰天の食の謎
プリンに醤油でウニになる
著者:都甲 潔
定価945円
ISBN978-4-7973-4124-9

SIS-032 生物 | 彼らはいかにして闇の世界で生きることを決めたのか
深海生物の謎
著者:北村雄一
定価1,000円
ISBN978-4-7973-3923-9

SIS-031 工学 | 人工生命で探る人類最後の謎
心はプログラムできるか
著者:有田隆也
定価945円
ISBN978-4-7973-4024-5

SIS-030 工学 | ドライバーなら知っておきたい動く基本から最新テクノロジーまで
カラー図解でわかるクルマのしくみ
著者:市川克彦
定価1,000円
ISBN978-4-7973-3917-8

最新情報はこちらで ☞ http://sciencei.sbcr.jp/

番号	分野	タイトル	著者	定価	ISBN
SIS-029	生物	行動はどこまで遺伝するか	山元大輔	945円	ISBN978-4-7973-3889-8
SIS-028	生物	みんなが知りたい水族館の疑問50	中村 元	1,000円	ISBN978-4-7973-4233-8
SIS-027	生物	生き物たちのふしぎな超・感覚	森田由子	945円	ISBN978-4-7973-4248-2
SIS-026	PC	いまさら聞けないパソコン活用術	大崎 誠	1,000円	ISBN978-4-7973-4275-8
SIS-025	生物	ネコ好きが気になる50の疑問	加藤由子	1,000円	ISBN978-4-7973-4179-9
SIS-024	生物	イヌ好きが気になる50の疑問	吉田悦子	1,000円	ISBN978-4-7973-3925-3
SIS-023	宇宙	宇宙はどこまで明らかになったのか	福江 純・粟野諭美	1,000円	ISBN978-4-7973-3731-0
SIS-022	PC	プログラムのからくりを解く	高橋麻奈	945円	ISBN978-4-7973-3950-5
SIS-021	IT	〈図解&シム〉電子回路の基礎のキソ	米田 聡	945円	ISBN978-4-7973-4194-2
SIS-020	物理	サイエンス夜話	竹内 薫・原田章夫	1,000円	ISBN978-4-7973-3921-5
SIS-019	医学	がんの仕組みを読み解く	多田光宏	945円	ISBN978-4-7973-3787-7
SIS-018	IT	進化するケータイの科学	山路達也	945円	ISBN978-4-7973-3928-4
SIS-017	工学	燃料電池と水素エネルギー	槌屋治紀	945円	ISBN978-4-7973-3728-0
SIS-016	PC	怠け者のためのパソコンセキュリティ	岩谷 宏	945円	ISBN978-4-7973-4126-3
SIS-015	PC	あなたはコンピュータを理解していますか?	梅津信幸	945円	ISBN978-4-7973-3949-9
SIS-014	数学	数学的センスが身につく練習帳	野口哲典	945円	ISBN978-4-7973-3931-4
SIS-013	理工系	理工系の"ひらめき"を鍛える	児玉光雄	945円	ISBN978-4-7973-4102-7
SIS-012	工学	基礎からわかるナノテクノロジー	西川喜代司	945円	ISBN978-4-7973-3918-5
SIS-011	医学	やさしく学ぶ免疫システム	松尾和浩	945円	ISBN978-4-7973-3888-1
SIS-010	工学	やさしいバイオテクノロジー	芦田嘉之	945円	ISBN978-4-7973-3890-4
SIS-009	PC	理工系のネット検索術100	田中拓也・芦刈いづみ・飯富崇生	945円	ISBN978-4-7973-3957-4
SIS-008	工学	進化する電池の仕組み	箕浦秀樹	945円	ISBN4-7973-3788-5
SIS-007	心理	マンガでわかる色のおもしろ心理学	ポーポー・ポロダクション	1,000円	ISBN978-4-7973-3919-5
SIS-006	工学	透明金属が拓く驚異の世界	細野秀雄・神谷利夫	945円	ISBN4-7973-3732-X
SIS-005	PC	パソコンネットワークの仕組み	三谷龍之・米田 聡	945円	ISBN4-7973-3730-3
SIS-004	理工系	論理的に考える技術	村山涼一	945円	ISBN4-7973-3726-5
SIS-003	科学	暮らしの中の面白科学	花形康正	945円	ISBN4-7973-3786-9
SIS-002	数学	知ってトクする確率の知識	野口哲典	945円	ISBN4-7973-3727-3
SIS-001	IT	最新Webテクノロジー	電脳事務	945円	ISBN4-7973-3725-7

大ブレイク中!

SIS-035 工学
アナウンスで聞くドアモードとはなにか?
フラップの仕組みはどうなっているのか?

みんなが知りたい
旅客機の疑問50

著者:秋本俊二 定価1,000円 ISBN978-4-7973-4268-0

大ブレイク中!

SIS-042 工学
自動車技術の最先端をいく
F1マシンの秘密に迫る

F1テクノロジーの
最前線

著者:檜垣和夫
定価1,000円 ISBN978-4-7973-4408-0

大ブレイク中!

SIS-045 科学
造り方から楽しみ方まで、
酒好きなら読まずにはいられない

うまい酒の科学

著者:独立行政法人 酒類総合研究所
定価1,000円 ISBN978-4-7973-4198-0

大ブレイク中!

SIS-047 数学
微積ってなにをしているの?
どうして教科書はわかりにくいの?

マンガでわかる
微分積分

監修:メダカカレッジ
著者:石山たいら・大上丈彦
定価1,000円 ISBN978-4-7973-4250-5

2月の新刊

SIS-055 数学
小学生のころ、算数の問題が全然
解けなかったあなたに!

計算力を強化する
鶴亀トレーニング

監修:メダカカレッジ
著者:鹿持 渉
定価1,000円 ISBN978-4-7973-4420-2

2月の新刊

SIS-056 化学
暮らしの汚れも、ダメージの疑問
も、スッキリ落としましょう

地球にやさしい
石けん・洗剤
ものしり事典

著者:大矢 勝
定価1,000円 ISBN978-4-7973-4336-6

2月の新刊

SIS-057 生物
感覚の世界=心は
異性美を追って進化する!

タテジマ飼育のネコは
ヨコジマが
見えない

著者:髙木雅行
定価1,000円 ISBN978-4-7973-4337-3

も、何乗かしたものを足したり引いたりしても整数にはなりません。

$π+e$, $eπ$, $π$の$π$乗, eの$π$乗, eのe乗などは、有理数なのか無理数なのかも、まだわかっていません。

💡 背理法を使った証明

なぜ、$\sqrt{2}$ や $\sqrt{5}$ は、無理数だと言い切れるのでしょう？
それは、「**背理法**」と呼ばれる方法で証明することができます。

【$\sqrt{2}$ が無理数であることの証明】

$\sqrt{2}$ が既約分数 $\dfrac{a}{b}$ で表されるとする。

※約分できない分数を「既約分数」という

$\sqrt{2} = \dfrac{a}{b}$ の両辺を2乗すると、
$$2 = \dfrac{a^2}{b^2} \cdots\cdots ①$$

$\dfrac{a}{b}$ は約分できないので、$\dfrac{a^2}{b^2}$、つまり $\dfrac{a \times a}{b \times b}$ も約分できない。従って、$\dfrac{a^2}{b^2}$ は整数ではない。

①式は「整数2が、整数でない $\dfrac{a^2}{b^2}$ に等しい」ことを示している。これは、矛盾している。

従って、$\sqrt{2}$ は既約分数で表すことはできない。

数学の基礎 分母の有理化

…有理化すればなにかいいことがあるの？ あるんです

❓ 平方根の近似値

$\sqrt{2}$ は、繰り返しのない無限小数（無理数）です。

$$\sqrt{2} = 1.4142135623\ 7309504880\ 1688724209 \cdots\cdots$$

実際に、こんなに長い小数を使って計算するとなると大変です。計算の目的に合わせて、近似値を使うことになります。今回の話の中では、「$\sqrt{2} ≒ 1.414$」としておきましょう。

> まぁとりあえず $\sqrt{2} ≒ 1.414$ ということで

妥協するのが現実的だね

【問題】

次の数を、小数で表しなさい。

(1) $2\sqrt{2}$ (2) $\dfrac{3}{\sqrt{2}}$

(1) は簡単です。「2×1.414」という計算をすればいいですね。結果は「2.828」になります。

(2) は「3 ÷ 1.414」をすればよいですね。一度、本気でやってみてください。この計算は (1) に比べるとかなり大変ですよ。

四捨五入して、小数第3位まで求めると次のようになります。

$$\frac{3}{\sqrt{2}} \fallingdotseq \frac{3}{1.414} \fallingdotseq 2.122$$

💡 分母の有理化は、エチケット

なにが難しいって、「小数で割る」というのが難しいのです。しかも、本来なら無限小数で割らなければならないのです。そんなことをするのは、ほとんど不可能に近いことですね。

そこで、(2) のような場合、次のようにして、分母と分子に同じ $\sqrt{2}$ をかけて、あらかじめ分母を根号のない形にします。これを「分母の有理化」といいます。さっそくやってみましょう。

$$\frac{3}{\sqrt{2}} = \frac{3 \times \sqrt{2}}{\sqrt{2} \times \sqrt{2}} = \frac{3\sqrt{2}}{2}$$

こうすることによって、格段に計算しやすくなります。

$$\frac{3\sqrt{2}}{2} \fallingdotseq \frac{3 \times 1.414}{2} = \frac{4.242}{2} = 2.121$$

　根号がでてくる計算では、最終的に分母に根号が残らないように分母の有理化を行うというのが、数学でのエチケットになっています。そのほうが、あとの扱いが楽になるからです。

　解答用紙に $\frac{3}{\sqrt{2}}$ なんて答えをかくと、

「分母の有理化を忘れたな！　残念！」

と、×をつけられます。

> 【分母の有理化】
> 　　分母に無理数を残さないようにする

第 2 章

方程式

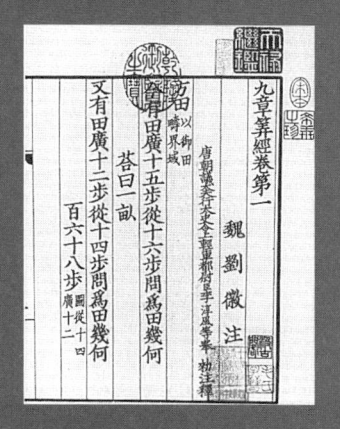

値のわからない未知数を x などの文字で表し、方程式をつくって解くことができれば、数学が楽しくなってきます。ここでは、数学Ⅰでつまずく人が多い方程式の解き方について、じっくり解説していきます。

方程式

正しいの？ まちがってるの？ 中途半端やなぁ～

💡 中途半端な等式

この「方程式」の項目は、「等式」の項目（P.65）を再度目を通してから読んでもらうと、よりわかりやすいかもしれません。

では、行きます。

下記のA～Dの4つの等式のうち、正しい等式はどれでしょう？ また、まちがっている等式はどれでしょう？

$A : 3 + 2 = 5$
$B : 4 + 3 = 8$
$C : 2x + 3x = 5x$
$D : 2x + 1 = 9$

（正しい等式はどーれだ？）

生徒たちからは、すぐに反応があります。
「A式は、正しい。B式はまちがっている」
——はい。そのとおりです。では、C式は？
「C式も、正しい。$2x$と$3x$とを足すと、$5x$になります」
——はい。そのとおり。では、D式は？
「D式はまちがってます。$2x$と1とを足しても、9にはならない」
「いやいや、xの値が4だったら、この式は正しいよ」
「でも、xの値が5だったら、この式はまちがってるよ」

だいぶ近づいてきました。D式は、正しいときもあり、まちがっているときもありという、「中途半端な等式」なのです。生徒たちは、「へぇ、そんな式があるんだ」と不思議な顔をします。

このような「中途半端な等式」は、実は小学校でも登場しているのですが、本格的に勉強を始めるのは中学1年生からです。

💡 方程式ってなに？

D式のようなタイプが方程式なのです。

D式は、「中途半端な等式」です。$x = 4$ のときだけに成り立ちます。それ以外の値では、成り立ちません。数学では、文字にある特別な値を代入したときだけ成立する等式を「**方程式**」と呼んでいます。

> 変数にある値を代入したときだけに
> 成り立つ等式を方程式という

中国古代の代表的数学書に『九章算術』があります（P.121に写真あり）。この本はその名のとおり9つの章に分かれていて、その中の1つが「方程」という章です。「方程式」の由来はここにあります。

C式は方程式ではありません。C式は x にどんな値を代入しても成り立つからです。いつもかならず成り立つのです。このような等式は、「**恒等式**」と呼ばれています。「恒に等しい式」ということですね。

💡 勝利の方程式？

繰り返しますが、変数に代入する値によって、等式が成り立ったり、成り立たなかったり、それが「方程式」です。

等式を成立させる特別な値を、「**方程式の解**」といいます。また、解を見つけることを「**方程式を解く**」といいます。

方程式には、値のわからないものを文字で表して、とりあえず等式をつくってしまえるというメリットがあります。いわゆる「鶴亀算」なども、方程式を使えば、わりと楽に式に表現できます。
「方程式さえ立てられれば、あとは解くだけ！」
　そういうところからなんでしょう。野球の世界で「勝利の方程式」なる言葉があります。ある程度、試合が組み立てられたら、あとはリリーフのピッチャーをだすなり、抑えのピッチャーをだすなりして、ゴールまでのシナリオを描くことができる——という意味ですね。

　私の友人に、スゴイ奴がいました。「勝利の方程式」という言葉を聞くと、その友人を思いだすことがあります。
　彼は、問題を読んで方程式を立てます。そこまでは、ほかの人と同じです。でも彼は、方程式を立てるだけでやめちゃうのです。彼は解を求めることなく、さっさと次の問題に移っていきます。
「だって、方程式さえ立てられたら、あとはできるもん！」
と、自信ありの言葉でした。方程式をつくったあとの処理にはよほどの自信があるのでしょう。かっこいいなぁ。

第2章 方程式

数学の基礎 方程式の解
…え？ 方程式は、勘で解くの!?

💡 方程式は計算で解く!?

　方程式と聞くと、
「ああ、移項とか使って解くやつだね」
という印象がありませんか？　印象としてはそれでよいのでしょうが、なかには「方程式は計算でしか解けないんだ！」と思いこんでいる人もいらっしゃいます。

　方程式を解く方法は、さまざまです。ある人は、勘を頼りに解を見つけるかもしれません。表やグラフを使って解を求める人もいます。だいたいの値でよいのなら、かなり有効な方法です。もちろん、計算を使って解に迫る人もいます。

　方程式を解くには、さまざまなアプローチの仕方があるのです。場面に応じて使い分けることが求められます。

💡 方程式を解くのは、「勘、表、計算」

「方程式を解く方法は大きく3つある。勘、表（グラフ）、計算だ！」

　私は、生徒たちの耳にたこができるくらいに「勘、表、計算」、「勘、表、計算」と言います。ぱっと見てわかるくらいの方程式な

125

ら、即答すればいいのです。わざわざ計算する必要はありません。

$$x + 9 = 11$$

この方程式、「xに9を足して、11になる」のです。どう考えたって、この解は $x = 2$ です。

なのに計算に頼りすぎる人は、＋9を移項して、そのときに正負の符号をまちがえて、$x = 20$ とやります。しかも、そのまちがいに気がつきません。

💡 こんな「魚」なら、「素手」で大丈夫！

私は解を求めることを、魚を捕まえることにたとえることがあります。「$x + 9 = 11$」くらいなら、目的の魚（解）は浅いところをゆっくりと泳いでいます。特別な道具なんて使わなくても、「素手」で大丈夫ですよね。

方程式はたんなる計算より自信がもてる——という生徒がいます。自分で解の確かめができるからだそうです。

求めた解に自信がない場合、それを最初の式の文字に代入してみる。うまく成り立てば、それであっていたということです。本当、安心できますよね。

第2章　方程式

数学の基礎　方程式を表で解く
…まどろっこしいことのなかに、大切なことがある

💡 方程式は、勘で解く！

すべての項を左辺に移して簡単にしたとき、左辺が x の1次式になる方程式を、x についての**1次方程式**といいます。簡単にいえば、「$ax + b = 0$」の形に整理される方程式です。

まずは、下の1次方程式を見てください。x にどんな値を代入すれば、この式は成り立つでしょうか？

$$3x + 1 = 10$$

「素手（勘）」でやってみますね。$x = 20$ を試してみましょう。左辺の x に 20 を代入して計算し、その結果が 10 になれば「当たり」です。

$$3x + 1 \\ = 3 \times 20 + 1 \\ = 61$$

61 になりました。残念、「はずれ」です。しかし、x に 20 を代入する気持ちになるなんて、勘が悪すぎます。

みなさんは「$3x + 1 = 10$」を見ただけで、その解がわかりますか？　$x = 3$ ですか？　やってみましょう。

$$3 \times 3 + 1 = 10$$

やりました！　当たりです。簡単な方程式なら、勘で解いてみ

る練習を積みましょう。「当たり」はでなくても、それに近い値くらいならわかるようになります。

💡 方程式は、表で解く！

同じ問題「$3x+1=10$」を、今度は「道具」を使って解いてみましょう。使う道具は、「網（表）」です。

> なるほど！
> 表は「網」なのね

解は、$x=3$ でしたね。もうわかっています。わかっていても、「網（表）」でやってみましょう。

まずは、下のような「網（表）」を準備します。

x	−1	0	1	2	3	4	5	6
$3x+1$								

左から始めましょうか。まず、$x=-1$ を $3x+1$ に代入して、式の値を求めます。

$$3 \times (-1) + 1 = -2$$

−2になりました。「はずれ」ですね。でも、表には「−2」と記入します。$x=0, x=1, x=2, ……$を代入して計算し、表を完成させてください。以下のようになるはずです。

x	−1	0	1	2	3	4	5	6
$3x+1$	−2	1	4	7	10	13	16	19

↑
当たり

第 2 章　方程式

　$3x + 1$ の式の値が 10 になっているのが「当たり」ですから、$x = 3$ が解だとわかります。

💡 ほかにも解はあるかもしれない!?

　$x = 3$ は解です。それは、まちがいありません。しかし、もしかしたら、$x = 3$ 以外にも解があるかもしれませんよ。「数学」は、慎重なのです。調べてみましょう。

　再度、先ほどの表を見ます。$3x + 1$ の式の値が 10 になっているのは、$x = 3$ の場合だけですね。この表を見るかぎりでは、解は 1 つしかなさそうです。

> 数学は慎重なのよ！

　ではそこから表を右に見てみましょう。10, 13, 16, 19, ……。どんどん値が大きくなっていくのがわかります。この先、表を続けていっても、10 が登場することは期待できませんね。

　今度は逆に表を左に見ていきましょう。10, 7, 4, 1, −2, ……。どんどん値が小さくなっていきます。こちらもこの先に 10 が登場することはありえないでしょうね。

　つまり、方程式 $3x + 1 = 10$ の解は、ただ 1 つ、$x = 3$ しかないのです。厳密にはもっとくわしい検討が必要なのですが、一般に、1 次方程式の解は 1 つだけ存在します。表を使うことで、そんなことが理解できるようになります。

　さあ、名探偵コナンのように叫びましょう！

---

1 次方程式の解は、1 つ！

💡 計算（釣り）を使えば、手際よく解くことができる！

方程式を解くのは、「勘、表、計算」と述べました。

勘（素手）には勘のメリットがあります。うまくいけば、驚くほど短時間で方程式を解くことができます。しかしその勘を養うために、多くの時間が必要です。また、複雑な方程式になれば、対応するのはひと苦労です。

また、表（網）には表のメリットがあります。しかし、表をつくったり、ひとつひとつ計算したり、めんどうで、時間がかかります。大がかりですよね。ましてや、解が小数や分数だったら、正確な解を求めるのはかなり難しくなります。

そこで、方程式を短時間で着実に苦労することなく解く方法が求められます。それが計算（釣り）で解くという方法です。だから中学・高校では、その練習に多くの時間を使っているのです。

方程式を解く方法は、大きく分類すると3つ
- 勘
- 表、グラフ
- 計算

第2章 方程式

数学の基礎 等式の性質
…てんびんやシーソーを思い浮かべてください

💡 方程式は、等式なんだ！

以下の3問を比べてみましょう。

　　A：次の計算をしなさい。（+14）÷（−7）
　　B：次の計算をしなさい。　6a×5
　　C：次の方程式を解きなさい。　x+9＝11

　問題文が違うのは、すぐにわかりますね。しかし異なるのは、問題文だけではありません。問題そのものも決定的に違います。AとBには、等号「=」がありません。

> 本当だ！
> AとBには
> 「=」がない

　思えば、小学1年生からそうでした。

　　つぎのけいさんをしましょう。　　3 + 4

　この計算をして答えがわかったら、ノートに次のように書くのですね。

　　3 + 4 = 7

「3 + 4を計算したら7になる」。そのことを等号「=」を使って、「3 + 4 = 7」と表しているのです。

ところが、Cの問題の式「$x + 9 = 11$」は、最初から等式なのです（A，Bは「フレーズ型の式」、Cは「センテンス型の式」と呼ばれることがあります）。

💡 「等式の性質」を方程式に利用する！

計算についてのテクニックは、小学校でひととおり習っています。しかし、方程式は計算テクニックだけでは解けません。

方程式は等式です。計算テクニックはもちろん、さらにその上に「等式の性質」を利用して、方程式を解くことになります。
「等式の性質」は、たった4つです。紹介しましょう。

【等式の性質】
A＝Bならば、次の等式が成り立つ
- ① A＋C＝B＋C
  両辺に同じ数を加えても、等式は成り立つ
- ② A－C＝B－C
  両辺から同じ数を引いても、等式は成り立つ
- ③ A×C＝B×C
  両辺に同じ数をかけても、等式は成り立つ
- ④ A÷C＝B÷C
  両辺を同じ数で割っても、等式は成り立つ
  ただし、C≠0

第2章 方程式

💡 シーソーを使って……

なんだか小難しくかいてありますが、いっていることは簡単です。シーソーやてんびんをイメージすると、理解しやすいと思います。

いま、シーソーの両側に、A君とB君が乗っています。彼らの体重はまったく等しいので、シーソーは釣り合った状態です。

次に、2人にまったく同じ重さのスイカを持ってもらいます。シーソーは釣り合いを保っています。当然ですよね。

いま説明したのは、等式の性質の①でした。みなさんも当然のことだと感じられたと思います。その「当然のこと」をしっかりと意識して、方程式の計算に活かすのです。

方程式を計算で解くということを「釣り」にたとえましたが、釣りをするには、さまざまな装備や技術が必要です。絶対に必要な装備が、この「等式の性質」なのです。これさえあれば、中学校レベルの方程式ならかならず解けるのです。忘れないでね。

数学の基礎

移項

... 方程式を手際よく解くためのテクニックなんです

💡 「等式の性質」は、強い味方だ！

私は絡(から)まった糸をほどくのは大嫌いです。イライラしてしまいます。しかし、相手が方程式なら違います。勘で解くのは無理でも、表で解くのがめんどうでも、「等式の性質」という強い味方がいるからです。「等式の性質」を使えば、ひとつひとつの絡まりを確実にほどくことができます。

しかし、生徒たちに教えている実感として、彼らが「等式の性質」をうまく利用できていないように思えるのです。なんだか条件反射のように解いてはいるけど、「等式の性質」はわかっていないような……、そんな気がするのです。

ゆっくり見ていきましょう。たとえば次の方程式です。

$4x = 20$ ……①

4とxをかけたものが20だということです。とても簡単な方程式ですから、勘(素手)でも解がわかりますね。$x = 5$です。

この2つの式を、次のように並べてみます。

始まりの形　　$4x = 20$
　　　　　　　　　↓
最後の形　　　$x = 5$

「始まりの形」から「最後の形」へという流れを見てください。「方程式を解く」ということは、最終的に「$x = ○$」の形に導くことなのだと理解できます。ここは、重要ですよ。

「等式の性質」を使ってみよう！

最終的に「$x = ○$」の形に導くのだと、頭のどこかに強く刻み込んでください。そう念じながら、再度①式を見ます。

$$4x = 20 \quad \cdots\cdots ①$$

左辺をxだけにしたいのです。「$4x$」の「4」がじゃまですね。「じゃま」なんていうと、ちょっとかわいそうですが、方程式を解くという目的を達成するためには、消えてもらわねばなりません。

では、どうやって消えてもらうか？　消しゴムで消すのではありません。数学ではちょっとシャレた方法で、この「4」を消します。

そうです。ここで、「等式の性質」の登場です。両辺を4で割れば、よさそうです。「両辺を同じ数で割っても、等式は成り立つ」を使うわけです。

$$4x = 20 \quad \cdots\cdots ①$$
$$\frac{4x}{4} = \frac{20}{4} \quad \cdots\cdots ②　\text{両辺を4で割る}$$
$$x = 5 \quad \cdots\cdots ③　\text{約分する}$$

ふつうはめんどうなので、上記の②式はあまりかきません。頭の中でやっちゃうことが多いでしょう。しかし、ここがかなり大

切なところなのです。

💡 どうして、両辺を 4 で割るの？

①式から②式への作業について、次のような質問がよくだされます。

「どうして、両辺を 4 で割るの？」

その質問には、逆にこう返します。

「じゃあ、両辺を 3 で割ってごらん！」

これでたいていの場合、わかってもらえます。

$$4x = 20 \quad \cdots\cdots ①$$
$$\frac{4x}{3} = \frac{20}{3} \quad \cdots\cdots ②'$$

両辺を 3 で割る

「そうか、なにもいいことが起こらないんだ！」

そのとおり！　左辺を x だけにしたいのです。4 を消してしまいたいのです。だから両辺を 4 で割るのです。

💡 あっちへ「移項」、こっちへ「移項」

では、もう 1 問。やはり、最終的に「$x = ○$」の形に導くのだと、強く頭のどこかに刻み込んでください。

$$x + 9 = 11 \quad \cdots\cdots ①$$

今度は、「＋ 9」に消えてもらいたい。消しゴムで消すのではありません。数学ではちょっとシャレた方法で、この「＋ 9」を消し

ます。ここでふたたび「等式の性質」の登場です。

両辺から9を引きます(「両辺に−9を加える」といってもいいですね)。

> 両辺から9を引けばいいんだ!

$$x + 9 = 11 \quad \cdots\cdots ①$$
$$x + 9 - 9 = 11 - 9 \quad \cdots\cdots ②$$ ← 両辺から9を引く
$$x = 11 - 9 \quad \cdots\cdots ②'$$ ← 左辺だけを計算
$$x = 2 \quad \cdots\cdots ③$$

両辺から9を引いたのが②式です。②式の左辺だけを計算すると、②'式になります。①式と②'式を並べてみましょう。

移項

$$x + 9 = 11 \quad \cdots\cdots ①$$

$$x = 11 - 9 \quad \cdots\cdots ②'$$

---

①式の左辺の項+9を、符号を変えて右辺に移したら、②'式になっています。そんなふうに考えることもできるわけです。

等式では、片方の辺のある項を、符号を変えて、もう一方の辺へ移すことができます。これが「移項」です。必要に応じて、左辺から右辺へ、右辺から左辺へ移項してください。あっちへ「移項」、こっちへ「移項」……ですね。

数学の基礎 — 分母をはらう

...分数が苦手な人には朗報です

💡 分数がでてきても、怖くないぞ！

分数が登場する方程式を解いてみましょう。

$$\frac{2}{3}x - 4 = \frac{1}{6}x$$

分数が苦手だという人もいらっしゃるでしょう。でも、便利な方法があります。両辺に分母の公倍数をかけて、係数を整数に直してしまうのです。上の方程式なら、両辺に6をかけるのがよいでしょう。

$$\frac{2}{3}x \times 6 - 4 \times 6 = \frac{1}{6}x \times 6 \quad \cdots\cdots ①$$

$$4x - 24 = x \quad \cdots\cdots ②$$

$$4x - x = 24 \quad \cdots\cdots ③$$

$$3x = 24 \quad \cdots\cdots ④$$

$$x = 8 \quad \cdots\cdots ⑤$$

①式から②式のように変形することを、「**分母をはらう**」といいます。

> 分母をはらうと簡単になるわね

第2章 方程式

💡 そんなに偉そうにいわなくても……

　話は変わりますが、みなさんは中学に入学したばかりの数学の時間のことを覚えていますか？　私はまだ覚えています。小学校から中学校になって、いちばん驚いたこと。それは、教科書の言葉づかいです。

　小学校の教科書は、こんな感じです。

> 「次の計算をしましょう」
> 「4と6の最小公倍数はなんですか」

これが中学校に入ると、こう変わります。

> 「次の計算をしなさい」
> 「4と6の最小公倍数を求めなさい」

　なんて偉そうなんでしょう。今時の中学生は、こんなことには驚かないのでしょうか？　私が中学生のころは、もっと頭ごなしな言い方で、「計算せよ」「求めよ」と書かれていた記憶があるのですが……。

　まあ、ていねいにいわれようが、頭ごなしにいわれようが、やることに大差はありません。そんな感じで、いつのころからか、数学の問題文なんて、特に計算問題の文章なんて、最後まで読まなくなったのではありませんか？

💡 「次の計算をしなさい」？

しかし、やはり、問題文はきちんと読んだほうがいいですよ。「等式の性質」の項目（P.131）に登場した3問を、再度比べてみましょう。

A：次の計算をしなさい。　　　$(+14) \div (-7)$
B：次の計算をしなさい。　　　$6a \times 5$
C：次の方程式を解きなさい。　$x + 9 = 11$

ほら、Cだけ問題文が違うのがわかりますね。「計算をしなさい」と「方程式を解きなさい」とは、違うのです。きちんと区別してくださいね。

あたり前のことですが、「等式の性質」は、「等式」でしか使えません。A，Bの問題では、「等式の性質」を使うことはできないのです。

> 「等式の性質」は、等式でしか使えない

🔍 たんなる「計算」と「方程式」とを取り違えるな！

　計算のテクニックと等式の性質をごちゃごちゃにしてまちがえてしまう生徒を、これまでたくさん見てきました。よくある例を挙げましょう。

> 【問題】
> ・次の計算をせよ
> $$\frac{x}{3}+\frac{x}{2}$$

　この問題を見たとたんに、6をかける生徒がどれだけ多いことか。分母の3と2を払うために6をかけたいのですね。しかし、この問題は等式ではありません。6をかけるのではなく、通分するのです。

$$\frac{x}{3}+\frac{x}{2}$$
$$=\frac{2x}{6}+\frac{3x}{6} \quad \text{通分する}$$
$$=\frac{5x}{6}$$

　一度まちがいが身についてしまうと、なかなか正せないようです。これから学習する人たちは、注意して取り組んでほしいですね。

数学の基礎 解の吟味
…「それで本当にいいんですか～？」ということです

💡 子どもの人数が6.5人？ なにそれ？

方程式を使って文章題を解いたときには、注意してほしいことがあります。でてきた解を、そのまま問題の答えとして採用していいのかどうか考えてほしいのです。これを「解の吟味」と呼んでいます。

たとえば子どもの人数を求める問題で、解が $x = 6.5$ となったら、それはおかしいですね。解はあるけど、答えはない——という状態です。

> 6.5人？
> 小数でいいの？

実際の場面では、6人とするとか、7人とするとか、あきらめるとか、臨機応変に対応せねばなりません。

また、何年後かを尋ねる問題で、解が $x = -3$ となったらどうでしょう？

> 「-3年後」？
> ああ、3年前ってことかな？

すぐに「答えなし」と判断するのは早計です。「-3年後」、つまり「3年前」ということを示しているのかもしれません。

実際には「3年前」ということが、理にかなっているのかどうか判断する必要があります。

兄が弟を自転車で追う！

よく考えてみないと、すぐには「変だ」と気づかない場合があります。

駅に向かって歩いている弟を兄が自転車で追いかけるという問題がよくあります。

x 分後に追いつくとして、$x = 80$ となったとします。兄が80分後に追いつくということです。「それでOK」ではなく、条件との関わりについて、吟味してください。

一般的な日常生活のひとコマとして考えると、なんだかおかしいですよね。自転車で駅まで80分？　そんなに時間がかかるのなら、弟はすでに駅に着いているかもしれないし、電車に乗っているかもしれない。

問題の内容を方程式の形に「翻訳」することで、問題を解きやすくなることは確かです。ただし、方程式のようなバーチャルな世界だけで考えていると、実際にはありえないような解がでてきても気がつかないことがあります。方程式を使うのなら、「解の吟味」は、本当に大切な作業です。

> 解と答えは、別のもの。
> 方程式を解いたあとに、かならず「解の吟味」を！

教科書や問題集は、答えがうまくでるように、はじめから仕組んであるのです。実際の場面で、解がそのまま答えとして採用できるなんてことは、非常にまれだと思います。注意しましょう。

連立方程式

数学の基礎 … わからない数が2つ以上もあるなんて……

💡 解が1つに決まらないぞ！

中学1年で扱う方程式は「$x-5=8$」のような形です。未知数は1つ、xだけしかありません。また、両辺はxの1次式か数になっています。このような方程式は、「**1元1次方程式**」と呼ばれます。

中学2年では、「**2元1次方程式**」が登場します。つまり、未知数2つを含む1次方程式です。

$x + y = 10$ ……①

これを満たす x, y の組をいえますか？ (x, y) の形で表してみましょう。

……, $(-2, 12)$, $(-1, 11)$, $(0, 10)$, $(1, 9)$, $(2, 8)$, $(3, 7)$, $(4, 6)$, $(5, 5)$, $(6, 4)$, ……

解の組は、1つには決まりません。整数の解ばかり並べましたが、$(3.2, 6.8)$ のような小数だってよいのです。①式を満たす解は無数に存在することになります（なんでもよいというわけではありません）。

解の組は無数にあるよ！

💡 「2元1次方程式」が2つ！

そこで、もう1つ2元1次方程式を登場させます。

$x - y = -2$ ……②

②式を満たす (x, y) の組もやはり無数に存在します。

…… $(-2, 0)$, $(-1, 1)$, $(0, 2)$, $(1, 3)$, $(2, 4)$, $(3, 5)$, $(4, 6)$, $(5, 7)$, $(6, 8)$, ……

では、①式と②式を組にして考えてみましょう。

$$\begin{cases} x + y = 10 & \cdots\cdots① \\ x - y = -2 & \cdots\cdots② \end{cases}$$

　このように、2つ以上の方程式を組にしたものを「**連立方程式**」といいます。それらの方程式を同時に成り立たせる文字の値の組を「**連立方程式の解**」、解を求めることを「**連立方程式を解く**」といいます。

連立方程式……2つ以上の方程式を組にしたもの

　今回の場合は、「2元1次方程式」の「連立」ですから、「連立2元1次方程式」と呼ばれます。
　①式と②式を同時に満たす解は……、①式の解と②式の解をよく見ればわかります。1組見つかりますね、$(x, y) = (4, 6)$ です。

【連立方程式を解く】
　2つ以上の方程式を同時に成り立たせる
　文字の値の組を求めること

> 2つの方程式を
> 同時に成り立たせる
> 値の組を探せばいいのね

数学の基礎

加減法
足してもだめなら、引いてみな！

💡 文字を消去する

連立2元1次方程式が1組の解を持つということは、座標平面上で2直線が1点で交わることを意味しています。「連立方程式を解く」ということは、この2直線の交点の座標を求めることを意味します。

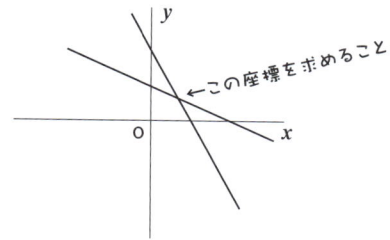

←この座標を求めること

広い座標平面上に、交点はたった1つ。従って、表も使わず、グラフもかかず、計算もしないで、勘だけを頼りに連立方程式の解を求めることは、困難を極めます。

ここでは、計算での解法を紹介しましょう。1元1次方程式の解き方はわかっているものとして、そこへ持ち込みたいと思います。そのためには、2つある未知数を1つに減らす作業が必要です。この作業は、「**文字を消去する**」と呼ばれます。

文字を消去する方法には、大きく2つ、加減法と代入法があります。まず、加減法について説明しましょう。

> 2つの未知数を1つに減らせば楽にできるよ

💡 係数をそろえるというテクニック

加減法とは、連立方程式の文字の係数の絶対値をそろえ、加減してその文字を消去する方法です。

このようにかくと難しそうですが、実際の場面ならきっとできますよ。問題です。

> 【問題】
> りんご2個とみかん5個で800円です。また、りんご2個とみかん3個で640円です。りんご1個、みかん1個の値段を求めなさい。

みなさんならどうしますか？ 2つの場合の値段が提示されていますが、よく読めば、どちらの場合もりんごの個数は同じだということがわかります。従って、両者の値段の差は、みかん2個分の値段と等しいことがわかります。

連立方程式を立ててみましょう。

りんご1個の値段をx円、みかん1個の値段をy円とします。

$$\begin{cases} 2x + 5y = 800 & \cdots\cdots① \\ 2x + 3y = 640 & \cdots\cdots② \end{cases}$$

🍎🍎 + 🍊🍊🍊🍊🍊 = 800
🍎🍎 + 🍊🍊🍊　　 = 640

①式から②式を引きます。これで x が消去されます。

$$2x + 5y = 800 \cdots\cdots ①$$
$$-)\ 2x + 3y = 640 \cdots\cdots ②$$
$$2y = 160$$
$$y = 80$$

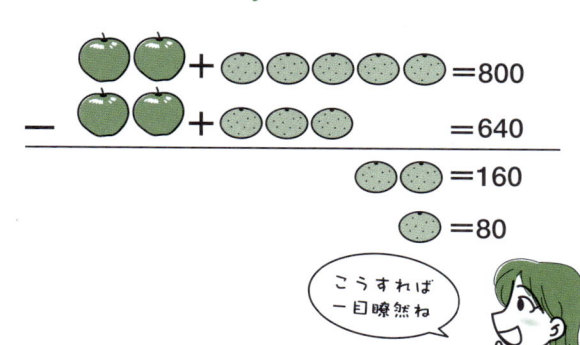

🍎🍎 + 🍊🍊🍊🍊🍊 = 800
− 🍎🍎 + 🍊🍊🍊 = 640
　　　　　🍊🍊 = 160
　　　　　🍊 = 80

「こうすれば一目瞭然ね」

$y = 80$ を①式に代入します
$$2x + 5 \times 80 = 800$$
$$2x + 400 = 800$$
$$2x = 800 - 400$$
$$2x = 400$$
$$x = 200$$

答え りんご200円, みかん80円

「やったぁ！できた！」

係数がそろっていないときは？

先ほどの連立方程式を、再度掲載します。

【Aパターン】

$$\begin{cases} 2x + 5y = 800 & \cdots\cdots① \\ 2x + 3y = 640 & \cdots\cdots② \end{cases}$$

> x, yどちらかの係数の絶対値がそろっているこれがAパターン！

xの係数がそろっていたので、①式から②式を引きました。これで、xが消去されます。これが、「加減法」です。

しかし、いつも係数がそろっているとはかぎりません。係数がそろっている文字がない場合は、なんらかの工夫が必要です。

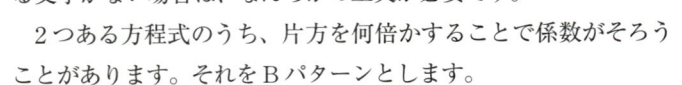

2つある方程式のうち、片方を何倍かすることで係数がそろうことがあります。それをBパターンとします。

下記の問題なら、①式を2倍することで、xの係数をそろえることができます。

【Bパターン】

$$\begin{cases} 2x + 5y = 800 & \cdots\cdots① \\ 4x + 3y = 1040 & \cdots\cdots② \end{cases} \quad 2倍\rightarrow \quad \begin{matrix} 4x + 10y = 1600 & \cdots\cdots①' \\ 4x + 3y = 1040 & \cdots\cdots②' \end{matrix}$$

> 片方の式を何倍かすることでx, yどちらかの係数の絶対値がそろうこれがBパターンね！

第2章 方程式

🔍 両方の式を何倍かする！

2つある方程式の両方をそれぞれ何倍かすることで係数がそろうことがあります。それをCパターンとします。

下記の問題なら、①式を3倍、②式を2倍することで、xの係数をそろえることができます（また、①式を2倍、②式を5倍すれば、yの係数をそろえることができます）。

【Cパターン】

$\begin{cases} 2x + 5y = 800 \cdots\cdots ① \\ 3x + 2y = 760 \cdots\cdots ② \end{cases}$ 3倍→ $6x + 15y = 2400 \cdots\cdots ①'$
　　　　　　　　　　　　　2倍→ $6x + 4y = 1520 \cdots\cdots ②'$

> 両方の式を何倍かすることで
> x、yどちらかの係数の絶対値がそろう
> これがCパターンだ！

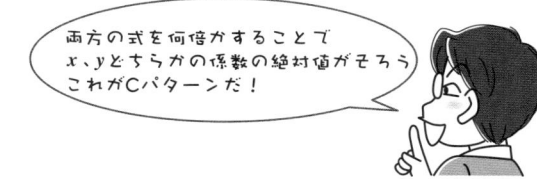

係数がそろってしまえば、①'式から②'式を引けば（あるいは、②'式から①'式を引けば）、xを消去することができます。

では、Cパターンの例題の続きをやってみましょう。

$$\begin{array}{r} 6x + 15y = 2400 \cdots\cdots ①' \\ -)\ 6x + 4y = 1520 \cdots\cdots ②' \\ \hline 11y = 880 \\ y = 80 \end{array}$$

$y = 80$を②式に代入します。

$$3x + 2 \times 80 = 760$$

$3x + 160 = 760$
$3x = 760 - 160$
$3x = 600$
$x = 200$

答え　りんご200円、みかん80円

💡 あとは練習だ！

　紹介した3つのパターンでは、xを消去する場合ばかりでしたが、もちろんyを消去したほうが手っ取り早いということもあります。さらに、紹介した3つのパターンでは、引き算することで文字を消去しました。同様に、足し算することで、文字を消去できる場合もあります。

　問題を見て、xを消去するか、yを消去するのか？　そのために式を何倍すればよいのか？　そして、足し算するのか？　引き算するのか？　連立方程式の解にたどり着くまでに、多段階のプロセスが必要になります。このあたりは、修行で身につけていくところです。

　お子さんが連立方程式を前にして頭を抱えていたら、どこから手をつけていいのかわからないのかもしれません。A→B→Cの流れに沿って、練習を積むということが大切だと思います。

代入法

数学の基礎

…加減法のほうが人気が高いみたいだけど……

💡 代入して、消去する

代入法は、一方の方程式を 1 つの文字について解き、それを他方の方程式に代入して文字を消去する方法です。

さっそくやってみましょう。

【A パターン】
$$\begin{cases} y = x - 4 & \cdots\cdots ① \\ 3x - 7y = 8 & \cdots\cdots ② \end{cases}$$

「連立方程式を解く」ということは、①,②の両方の方程式を同時に成り立たせる x, y の値の組を求めるということでした。つまり、ここのところが大事なのですが、①式の x と②式の x、①式の y と②式の y は、まったく同じものとして扱かってよいということなのです。

①式から、y と $x - 4$ が等しいとわかっているので、これを②式の y に代入します。こうして文字 y を消去することができます。①式を使って、②式の y を $x - 4$ に置き換える——といったほうがわかりよいかもしれませんね。

【代入法】 $(x-4)$
$$3x - 7y = 8$$

①式を②式に代入する。

$$3x - 7(x - 4) = 8$$
$$3x - 7x + 28 = 8$$
$$3x - 7x = 8 - 28$$
$$-4x = -20$$
$$x = 5$$

$x = 5$ を①式に代入する。

$$y = 1$$

答え $\begin{cases} x = 5 \\ y = 1 \end{cases}$

💡 式を変形してから、代入する

【Bパターン】

$$\begin{cases} 4x + y = 20 & \cdots\cdots ① \\ 2x + 3y = 30 & \cdots\cdots ② \end{cases}$$

この場合も、代入法で解くことができます。①式の y の係数が「1」であることに注目です。①式を y について解くと以下のようになります。

$$y = 20 - 4x \quad \cdots\cdots ①'$$

> 変形してから代入するのよ！

あとは、①'式を②式に代入すれば、y を消去することができますね。

第 2 章　方程式

💡 加減法、代入法、どちらを使う？

さて、次の問題ならどうでしょう？　あなたは、加減法で解きますか？　それとも、代入法で解きますか？

【C パターン】
$$\begin{cases} 4x + 3y = 2 & \cdots\cdots① \\ 5x + 4y = 2 & \cdots\cdots② \end{cases}$$

代入法でやってみましょう。①式を x について解きます。

$$x = \frac{2 - 3y}{4}$$

分数の式になってしまいます。これを②式に代入して解くのですが、かなりやっかいですね。やめましょう。

①式を y について解いても、やはり分数の式になります。②式についても同様です。どうやら、この問題は加減法で立ち向かったほうがよさそうですね。

生徒たちの実際を見ていますと、圧倒的に加減法の人気が高いようです。始めから「$y = \sim$」の形になっている A パターンの問題でも、わざわざ加減法に持ち込んでいます。

しかし、アプローチの方法をたくさんもっていると、いざというときに強いですよ。係数が 1 である場合は、代入法を使った方法でもやってみましょう。

連立方程式の解とグラフ

…解のない連立方程式だってあるんだ！

解がたくさんある連立方程式

連立2元1次方程式なら、解はかならず1組存在すると思ったらおおまちがいです。例を示しましょう。

Aタイプ
$$\begin{cases} x + y = 10 & \cdots\cdots ① \\ 2x + 2y = 20 & \cdots\cdots ② \end{cases}$$

この2式は、形としては連立方程式です。ところが、②式の両辺を2でわると、「$x + y = 10$」になります。

2つの式は姿は違いますが、実は同じ式なのです。この場合、解は1組に決まりません（不定）。解は無数に存在します（なんでもよいというわけではありません）。

> 2つの式は結局のところまったく同じ！だから解は1つに決まらない

> 2で割れば同じだものね

$$\begin{cases} x + y = 10 \\ 2x + 2y = 20 \end{cases}$$

解が存在しない連立方程式

Bタイプ
$$\begin{cases} x + y = 10 & \cdots\cdots ① \\ x + y = 20 & \cdots\cdots ② \end{cases}$$

これもしっかりと連立方程式です。しかし、①式では x と y の和が10、②式では x と y の和が20となっています。矛盾しています。これでは解が存在しません（不能）。

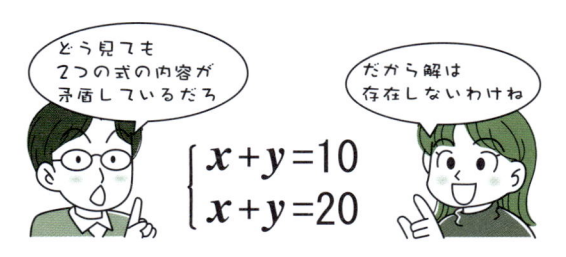

> どう見ても
> 2つの式の内容が
> 矛盾しているだろ

> だから解は
> 存在しないわけね

$$\begin{cases} x+y=10 \\ x+y=20 \end{cases}$$

💡 グラフで表すと……

　1次関数を学習すると、2元1次方程式を、座標平面上に直線のグラフとして表すことができます。Aタイプの場合は、2直線が一致します。Bタイプなら、2直線は交わりません（つまり、平行）。
　連立方程式の解が1組あるということは、2直線が1点で交わるということなのです。

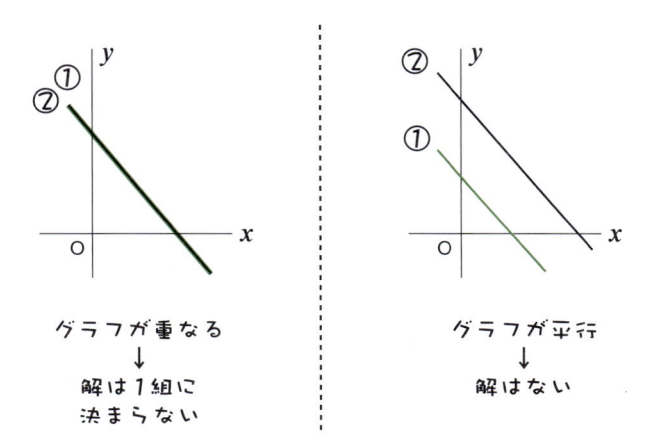

グラフが重なる
↓
解は1組に
決まらない

グラフが平行
↓
解はない

2次方程式

... 4000年の歴史が私たちを見ている！

💡 2次方程式とは……？

すべての項を左辺に移して簡単にしたとき、左辺がxの2次式になる方程式を、xについての **2次方程式** といいます。簡単にいえば、「$ax^2 + bx + c = 0$」の形に整理される方程式です。

> 【xについての2次方程式】
> $$ax^2 + bx + c = 0$$

2次方程式を成り立たせる変数xの値を、その「**2次方程式の解**」といいます。また、2次方程式の解を求めることを、「**2次方程式を解く**」といいます。このあたりの用語の使い方は、1次方程式の場合と、まったく変わりません。

💡 2次方程式を表で解く

次の問題を表を使って、解いてみましょう。

> 【問題】
> 次の2次方程式を解きなさい。
> $$x^2 - x - 6 = 0$$

x	−4	−3	−2	−1	0	1	2	3	4	5	6
x^2-x-6											

　表の上の段の値を x^2+x-6 の x に代入して、式の値を求めます。式の値が0になれば「当たり」です。$x=-4$ からいきましょう。

$$(左辺) = (-4)^2 - (-4) - 6$$
$$= 16 + 4 - 6$$
$$= 14$$

　14になりましたので、「はずれ」です。表には「14」と記入します。続いて、$x=-3$, $x=-2$, $x=-1$, ……を代入して計算し、表を完成させてください。以下のようになるはずです。

x	−4	−3	−2	−1	0	1	2	3	4	5	6
x^2-x-6	14	6	0	−4	−6	−6	−4	0	6	14	24
			当たり					当たり			

　式の値が0になっているのが「当たり」ですから、$x=-2$, $x=3$ が解だとわかります。

> $x=-2$ と $x=3$ が当たり！

💡 ほかにも解はあるかもしれない!?

　解が2つ見つかりました。しかし、もしかしたら3つ目の解があるかもしれません。もうすこし考えてみましょう。

　再度、先ほどの表を見ます。$x=3$ の式の値が0でした。そこから表を右に見てみましょう。表では $x=6$ の式の値までしか求められていませんが、この先は次のように続きます。

　　0, 6, 14, 24, 36, 50, 66, 84, ……

　どんどん値が0から離れて、大きくなっていくのがわかります。この先、表を続けていっても、0になることは期待できません。

　今度は逆に、$x=-2$ から左側を見ていきましょう。この先は、次のように続きます。

　　……, 84, 66, 50, 36, 24, 14, 6, 0

　左側もこの先0になることはあり得ないでしょう。
　つまり、2次方程式 $x^2-x-6=0$ の解は、2つだけ、$x=3$ と $x=-2$ しかないのです。厳密にはもっとくわしい検討が必要なのですが、一般に2次方程式の解は2つ存在します。

> 2次方程式の解は2つ存在する

💡 メソポタミアの遺跡の粘土板

　ここまで読んでいただいたみなさんは、
「1次方程式のときと同じようなことがかいてあるぞ」
と思われたことでしょう。そう思われた方は、応用力がついてい

る証拠です。
「もしかしたら、3次方程式では、解が3個あるのかな?」

　スゴイ、スゴイ。そうなんです。そんなふうに予想が立てられるようになったのも、応用力がついている証拠です。

　その勢いで今度は、2次方程式をなんとか手際よく解く方法、つまり、計算で解く方法を学習することになります。

　2次方程式の解法については、古代から取り組まれていたようです。なんと紀元前2000年ごろのメソポタミアの遺跡から出土した粘土板に、2次方程式の問題と解法が残されていたのです。

2次方程式を因数分解を利用して解く

大原則！　まずは、因数分解できるかどうかを判断！

💡 A × B = 0 ということは……？

さあ、2次方程式を計算で解いてみましょう。それには、大きく分けて2通りの方法があります。

- 因数分解を使う
- 平方根を使う

まずは、因数分解を使って解く方法を紹介します。

一般的な話から入って恐縮ですが、次の式を見てください。

A × B = 0

> A×B=0とはなにを意味しているのかしら？

この式からなにがわかりますか？

AとBをかけたら0になっています。乗法の答えが0になるということは、AとBのどちらかが0だということですね。いやいやもしかしたら、両方とも0だという可能性もあります。そういうことを、数学では「A = 0 または B = 0」といいます。あとで使いますから、よ〜く覚えておいてくださいね。

> A × B = 0 からわかること、
> A = 0 または B = 0

💡 因数分解ができるかどうか？

まず、次の2つの方程式を見てください。

$x^2 + 2x - 35 = 0$ ……①
$x^2 + 3x - 1 = 0$ ……②

①式の左辺は因数分解できそうですが、②式の左辺は因数分解できません。因数分解できない場合は、ほかの方法で解かねばなりません。なんでもかんでも因数分解で解けるわけではないということを知っておいてください。

なんでもかんでも しちゃダメだよ

因数分解できるか チェックしてみよう

💡 2次方程式を因数分解で解いてみよう！

では、①式の左辺を因数分解します。

$x^2 + 2x - 35 = 0$
$(x + 7)(x - 5) = 0$ ……「A × B = 0」の形になった！

因数分解の結果、等式が A×B = 0 の形になりました。この場合は、A が $x+7$、B が $x-5$ ですね。「A×B = 0」ならば、「A = 0 または B = 0」が導かれるのでした。それを利用します。

$$x^2 + 2x - 35 = 0$$
$$(x+7)(x-5) = 0 \quad \cdots\cdots \text{「A×B = 0」の形になった！}$$
$$x+7 = 0 \quad \text{または} \quad x-5 = 0$$
$$x = -7 \quad \text{または} \quad x = 5$$

解が求められました。$x = -7$ または $x = 5$ です。「または」を省略して、「$x = -7, \ x = 5$」とかかれることが多いです。

💡 解と係数の関係

一般的に 2 次方程式とその解の間には、「解と係数の関係」と呼ばれる関係が成り立つことがよく知られています。

【解と係数の関係】
　2 次方程式 $ax^2 + bx + c = 0$ の解が、
$x = \alpha, \ x = \beta$ であるとき、次の関係が成り立つ。

$$\alpha + \beta = -\frac{b}{a} \qquad \alpha\beta = \frac{c}{a}$$

これのどこがスゴイのか？
　2 次方程式の解を具体的に求めなくても、2 つの解の和と積が 2 次方程式の係数の比の値で表されるのです。これは便利です。たとえば、こんな問題。

第2章 方程式

【問題】
　2次方程式 $x^2 - bx - 12 = 0$ が $x = 2$ を解にもつとき、もう1つの解を求めよ。

b の値がわかりません。

ふつうなら、まず、$x = 2$ を方程式に代入して、b の値を求めます。次に、方程式を解いて、ほかの解を求めます。しかし解と係数の関係を使えば、b の値なんて求める必要はありません。やってみましょう。

もう1つの解を β とします。解と係数の関係から、次の式が成り立ちます。

$$2 + \beta = -\frac{-b}{1} = b \quad \cdots\cdots ①$$

$$2\beta = \frac{-12}{1} = -12 \quad \cdots\cdots ②$$

②式から $\beta = -6$ とすぐにわかります。

ちなみに、それを①式に代入すれば、$b = -4$ だとわかります。

これは役に立ちそうだ！

2次方程式を平方根を利用して解く

左辺を因数分解できないときは、この方法で！

まずは、基本中の基本から

続いて、2次方程式を平方根を利用して解いてみましょう。段階を踏んで、だんだんと難しくなりますよ！

> 【Aタイプ】
> $x^2 = k$ の形

たとえば、「$x^2 = 5$」という方程式。これは、「2乗して5になるのはなんですか？」と聞いているのです。

x にうまく当てはまるのは、$\sqrt{5}$ だけではありませんよ。$-\sqrt{5}$ もあります。2つまとめて $\pm\sqrt{5}$ と表すこともあります。こちらのほうが便利ですね。

$x^2 = 5$
$x = \sqrt{5}$, $x = -\sqrt{5}$
($x = \pm\sqrt{5}$ とかくこともある)

平方根を利用して2次方程式を解くというのなら、このAタイプが「基本中の基本」です。

たとえば、「$x^2 + 3 = 5$」。左辺を x^2 だけにするのがポイントです。次のように変形して、解を求めます。

$x^2+3=5$
$\quad x^2=5-3$
$\quad x^2=2$
$\quad x=\pm\sqrt{2}$

💡 自分の得意な形に持ち込むのです！

Bタイプは、Aタイプのちょっとした応用です。

> 【Bタイプ】
> $\quad (x+p)^2=q$ の形

単純な2次方程式なら、Aタイプに帰着しますが、ちょっと複雑になるとBタイプの形を目指します。つまり、左辺が括弧の2

乗（平方）になるように目指すのです。これを「**平方完成**」と呼びます。この形に持ち込めたら、もう勝負はついています。

「この形に持ち込む……」って、なんだか相撲みたいですね。でも、そうなんです。方程式を変形して、解きやすい形に持ち込むのです。そうすれば勝てます。

例として、$(x + 3)^2 = 5$ を解きます。

$$(x+3)^2 = 5$$
$$x + 3 = \pm\sqrt{5} \quad \leftarrow \text{平方根を求める}$$
$$x = -3 \pm \sqrt{5} \quad \leftarrow +3 \text{を移項する}$$

括弧の前に数がかけ算されていたら、その数で両辺を割れば、Bタイプに持ち込めます。

$$4(x+3)^2 = 5$$
$$(x+3)^2 = \frac{5}{4} \quad \leftarrow \text{両辺を4で割る}$$
$$x + 3 = \pm\frac{\sqrt{5}}{2} \quad \leftarrow \text{平方根を求める}$$
$$x = -3 \pm \frac{\sqrt{5}}{2} \quad \leftarrow +3 \text{を移項する}$$

💡 いよいよ最終段階です

AタイプもBタイプも、始めから左辺が2乗の形になっていました。ところが、2次方程式の一般的な形はそうはなっていません。式を変形して、Bタイプの形に持ち込むことになります。それが、少々やっかいなのですが、やってみましょう。

第 2 章　方程式

> 【C タイプ】
> $x^2 + bx + c = 0$　の形

例として、$x^2 + 3x - 1 = 0$ を解いてみます。

$$x^2 + 3x - 1 = 0$$
$$x^2 + 3x\phantom{{}-1} = 1$$ ← −1を移項
$$x^2 + 3x + \frac{9}{4} = 1 + \frac{9}{4}$$ ← 両辺に $\left(\dfrac{b}{2}\right)^2$ を加える
$$\left(x + \frac{3}{2}\right)^2 = \frac{13}{4}$$ ← 左辺を2乗の形へ。これでBタイプ
$$x + \frac{3}{2} = \pm\frac{\sqrt{13}}{2}$$ ← 平方根を求める
$$x = -\frac{3}{2} \pm \frac{\sqrt{13}}{2}$$ ← $+\dfrac{3}{2}$ を移項する

できました。

できましたが、かなりの計算力を必要とします。C タイプばかりが何十問も続いたら、「やめてくれ〜」って感じですね。そこで、「解の公式」の登場です。

2次方程式の解の公式

…「どうしてもできない」というときの強い味方

💡 解の公式をつくるゾ！

Aタイプ，Bタイプ，Cタイプと，平方根を利用して少しずつ複雑な2次方程式に対応してきました。いよいよ最終段階，$ax^2 + bx + c = 0$ の形の方程式です。

$ax^2 + bx + c = 0$ は，2次方程式の一般的な形です。x^2 の係数に a がありますから，先ほどのCタイプよりもさらに複雑になります。

そこで，どんな2次方程式でもへっちゃらになるように，2次方程式を解くための「**解の公式**」をつくってみたいと思います。

【2次方程式の解の公式をつくる】

$$ax^2 + bx + c = 0$$

x^2 の係数を1にするために，両辺を a で割る

$$x^2 + \frac{b}{a}x + \frac{c}{a} = 0$$

$+\dfrac{c}{a}$ を移項

$$x^2 + \frac{b}{a}x = -\frac{c}{a}$$

両辺に $\left(\dfrac{b}{2a}\right)^2$ を加える

$$x^2 + \frac{b}{a}x + \left(\frac{b}{2a}\right)^2 = -\frac{c}{a} + \left(\frac{b}{2a}\right)^2$$

$$x^2 + \frac{b}{a}x + \frac{b^2}{4a^2} = -\frac{c}{a} + \frac{b^2}{4a^2}$$

$$\left(x + \frac{b}{2a}\right)^2 = \frac{b^2 - 4ac}{4a^2}$$

$$x + \frac{b}{2a} = \pm\frac{\sqrt{b^2 - 4ac}}{2a}$$

$$x = \frac{-b \pm \sqrt{b^2 - 4ac}}{2a}$$

💡 さあ、歌いましょう。♪エックスイコール……

再度、2次方程式の解の公式をまとめておきます。

> 2次方程式 $ax^2 + bx + c = 0$ の解は、
>
> $$x = \frac{-b \pm \sqrt{b^2 - 4ac}}{2a}$$

これが解の公式だ！

「この公式を次回の授業までに覚えてきなさい」
と私は言います。覚えられなかったら、いちいち先ほどのような式変形をしなければならないのです。やはり、覚えてほしいですね。
　しかし、まあ、なんとも複雑怪奇な式です。

「こんな式をどうやって覚えるんだ？」

生徒たちは、困った顔をします。数学が嫌いな生徒が、大嫌いになるきっかけの1つだと思います。

そこで私は、授業中に1年に1回だけ、歌を歌うことにしています。それが、『2次方程式の解の公式の歌』です。先ほどの公式が、『アルプス一万尺』のメロディにきれいに乗るのです。本当にたった1回だけしか歌わないのに、生徒たちの耳にこびりついて離れないようです。2～3回口ずさめば、すぐに覚えてしまいます。

解の公式を使ってみよう！

では、さっそく実際の方程式を解いてみましょう。

> 【問題】
> 次の2次方程式を解きなさい。
> ① $x^2 - 7x + 5 = 0$ ② $x^2 - 8x + 12 = 0$

まず、①。解の公式で解いてみましょう。

まずは、一般的な2次方程式 $ax^2 + bx + c = 0$ と比較し、各項の係数をチェックします。$a = 1$, $b = -7$, $c = 5$ だとわかります。これらの値を解の公式に正しく代入し、計算するだけです。

> まずは係数をチェックしてね

$$x = \frac{-b \pm \sqrt{b^2 - 4ac}}{2a}$$

$$x = \frac{-(-7) \pm \sqrt{(-7)^2 - 4 \times 1 \times 5}}{2 \times 1}$$

$$x = \frac{7 \pm \sqrt{49 - 20}}{2}$$

$$x = \frac{7 \pm \sqrt{29}}{2}$$

うまく行きましたね。

続いて、②。

ひっかかってはいけませんよ。この問題、左辺が因数分解できます。一般的に、因数分解できる問題を解の公式を使って解くと、苦労が待っています。まずは、因数分解できるかどうかをチェックして、できない場合に解の公式を使うとよいでしょう。

②の方程式の解は、$x = 2$, $x = 6$ です。

失敗したわ

因数分解ができる問題に「解の公式」を使うとかえって難しくなることがあるのよ！

重解(重根)

... ぴったりと重なってるから、1つに見えてしまう

2つの解が重なる!?

一般に2次方程式の解は2つあるといいました。ところが、2次方程式 $x^2 - 8x + 16 = 0$ の解は、以下のようになります。

$$x^2 - 8x + 16 = 0$$
$$(x - 4)^2 = 0$$
$$x = 4$$

解が1つしかありません。ところが、同じ方程式を次のように解いてみます。

$$x^2 - 8x + 16 = 0$$
$$(x - 4)(x - 4) = 0$$
$$x = 4, \ x = 4$$

ほら、解は2つあります。ただし、その2つが重なっている(一致している)と考えればよいですね。2つの解が重なるとき、その解を「重解(重根)」といいます。

重解と判別式との関係

わざわざになりますが、先ほどの2次方程式 $x^2 - 8x + 16 = 0$ を解の公式で解いてみましょう。

$$x = \frac{-b \pm \sqrt{b^2 - 4ac}}{2a}$$

$$x = \frac{-(-8) \pm \sqrt{(-8)^2 - 4 \times 1 \times 16}}{2 \times 1}$$

$$x = \frac{8 \pm \sqrt{64 - 64}}{2}$$

はい、ここでストップ！ 根号の中を見てください。64−64 ですから、計算すると、0になりますよ。

実は、2次方程式の解が重解になるときは、$b^2 - 4ac$ の値が 0 になるという関係があります。逆に、$b^2 - 4ac = 0$ の場合は、重解になると判断できます。そこで、$b^2 - 4ac$ を「判別式 discriminant」と呼び、Dで表します。

> 判別式 D $= b^2 - 4ac$

D＞0の場合は、解は重なりません。

D＝0のとき、解は一致します。

D＜0の場合は……、根号の中の数が、0より小さくなってしまいます。そんな数は、中学校の段階では考えられません。「解なし」として扱われます。

> 判別式の値が0の場合は、重解になる

数学の基礎 実数と虚数

…「虚数」だからって、「ウソ」というわけではない

💡 実数の範囲では、手に負えないこともある

数直線上の各点に対応している数のことを、「実数」といいます。実数を正確に定義しようとすると、本当はもっと複雑になります。まずは、これくらいの定義からスタートしましょう。

> 2乗して負の数になるなんてありえない!?

実数は、正の数でも負の数でも、2乗すれば正の数になります。0を2乗すれば、0になります。逆にいえば、2乗して負の数になるような数(負の数の平方根)は、数直線上には(つまり、実数の中には)存在しないのです。ありえません。

ありえないのですから、もし、そんな場面がでてきても、「できない」と放り投げてしまえばいいのです。負の数の平方根を求めよといわれても、できないのです。

💡 「2乗して−1になる数」を考える！

実数の範囲では、やれないことがあります。でも、あきらめずに前に進もうとした人たちがいます。

数の世界の拡張です。2乗して負の数になる数を考えます。それが、「虚数」です。

第2章　方程式

2乗して−1になる数をiで表します。これを「**虚数単位**」と呼びます。$\sqrt{-1} = i$ ということです。従って、$i^2 = -1$ になります。

> **2乗すると−1になる数をiと表す**
> $$\sqrt{-1} = i$$

たとえば、$x^2 + 3x + 5 = 0$ の解は、次のように表されます。虚数を用いることで、すべての2次方程式は、解が2つあるということができます。

$$x = \frac{-3 \pm \sqrt{11}i}{2}$$

実数と虚数を使って表される数を「**複素数**」といいます。

💡 3次方程式の解を見つけるために……!?

すべての2次方程式の解を表すために、虚数が新しく導入された──との説明をされることがありますが、それは違います。

確かに、2次方程式の判別式Dが0より小さくなることがあります。しかし、もしそんなことになったら、「解なし」とすればいいのです。実際、数直線上に解は見つからないのです。負の数ですら解として採用されない時代もあったのです。

虚数を考えるようになったのは、3次方程式の解法がきっかけです。長い間、解の公式が見つからなかった3次方程式ですが、ついに1500年ごろのイタリアで公式が発見されました。

カルダノ（1501〜1576年）の解の公式によれば、実数解を表すためには、どうしても解法の途中の段階で、虚数を考える必要が

177

でてきたのです。虚数だからといって、これまでのように捨てるわけにいかなくなったのです。ひるがえって、2次方程式でも複素数の解を受け入れるようになったわけです。

ちなみに、4次方程式にも解の公式は存在します。しかし、5次以上の一般的な方程式には、解の公式がないことをノルウェーの数学者アーベル（1802～1829）が証明しています。

カルダノ　アーベル

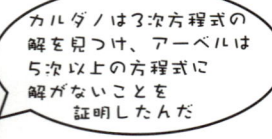

カルダノは3次方程式の解を見つけ、アーベルは5次以上の方程式に解がないことを証明したんだ

💡 虚数は役に立っている！

このように市民権が認められた虚数ですが、残念ながら虚数は数直線上に表すことができません。そこで、「複素数平面（ガウス平面）」を使って、「目に見える」ような方法が考えだされました。x軸で実数を、y軸で虚数を表します。

たとえば、$z = x + yi$ とするとき、複素数平面の座標 (x, y) でその位置を示すわけです。

また、複素数の絶対値も定義されます。絶対値は、「原点からの距離」ということですから、複素数 $z = x + yi$ の絶対値は、図のOZの長さということになります。

$$|z| = |x + yi|$$
$$= \sqrt{x^2 + y^2}$$

虚数なんて数学の世界だけの話だろうと思われるかもしれません。しかし、量子力学や電磁気学では、虚数を使うと驚くほどすっきりと記述できることが数多くあります。

みなさんが使っているパソコンには、半導体が使われています。半導体の動きを説明するのにも、虚数が役立っているのです。

第 3 章

関 数

数学の基礎の最後は、関数です。関数は、グラフでじっくりと確認しながら覚えていけば、決して難しいものではありません。コピー機やパラボラアンテナなど、身近なところでも関数が役に立つことを把握しながら、ひとつひとつ身につけていきましょう。

数学の基礎 座標平面

え～と、東経139度44分、北緯35度40分で会いましょう

❓ あなたの住所はどこですか？

私たちが住んでいる地点をどうやって他人に伝えたらいいでしょうか？ おもに2つの方法があると思います。

1つは、エリアに名前をつけていく方法です。以下のような流れで場所を限定していきます（外国では、逆の流れで表示することがあります）。

東京都………大きなエリアの名前
↓
港区　……中エリアの名前
↓
赤坂　……小エリアの名前
↓
4-13-13 …… 丁目、番地などを、数を使って場所を特定

もう1つは、経度と緯度を使って、「東経139度44分、北緯35度40分」と表す方法です。両者それぞれに利点と欠点があります。

私としては、「東京都……」と言ってもらったほうがおおざっぱに「ああ、あの辺りだな」と想像しやすいですね。しかし、地点を限定するために多くの文字が必要で、コンピュータで一括処理するには大変です。そこで、郵便番号を併用することで処理スピードを上げています。

一方、経度と緯度を使った住所表示なら、いきなり地点を限定することができます。コンピュータの処理もすばやいでしょう。ただし、おおざっぱな位置の限定には不向きです。また、実際の道路は、経度と緯度に沿って伸びているわけではありません。配達

作業には不向きですね。

　数学では平面上の位置を表すときには、後者の方法を使います。それが、「座標平面」です。

💡 座標平面の基本事項

　まずは、基本となる数直線を垂直に交わるように2本ひきます。横の数直線を「x軸（横軸）」、縦の数直線を「y軸（縦軸）」、両方を合わせて「座標軸」といいます。座標軸を使って、点の位置を表せるようにした平面を「座標平面」といいます。

　座標軸をひくことで、平面を4つのエリアに分けることができます。図のように左回りに、第1象限、第2象限、第3象限、第4象限と呼んでいます。

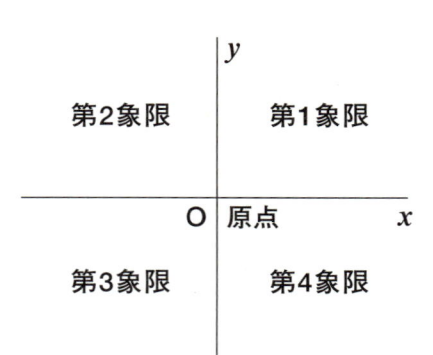

```
              │y
              │
  第2象限      │   第1象限
              │
              │
              │
──────────────O─原点─────────── x
              │
  第3象限      │   第4象限
              │
              │
```

　座標軸の交わる点は、「原点」と呼ばれます。原点はふつう、アルファベットのOで示されます。原点を表す「origin」の頭文字です。ゼロだと思っていた人もいるかもしれませんね。

　中学校ででてくる座標軸は垂直に交わるもの(直交座標)ですが、座標軸を斜めに交わらせたもの(斜交座標)もあります。斜交座標のほうが、ものごとを表しやすいという場合もあるのです。

　また、「南西の方向に2kmの位置に郵便局がある」という方法もあります。方向(偏角)と距離(動径)を使って位置を示すこの方法は、「極座標」と呼ばれます。

第3章 関数

🔍 点の位置の表し方

さて、座標軸を使うことで、平面上の点の位置を表せるようになります。たとえば点Pの位置は、x軸上の目盛りが3、y軸上の目盛りが4なので、P (3, 4) と表します。これを点Pの座標といいます。3が点Pのx座標、4が点Pのy座標です。

原点Oの座標は、(0, 0) です。

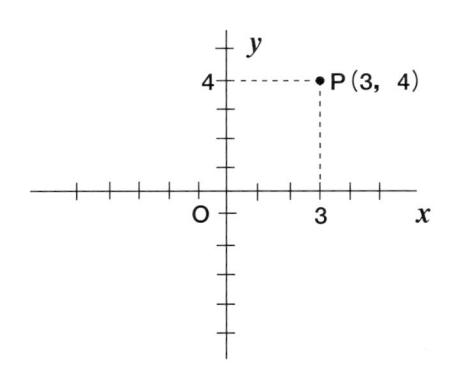

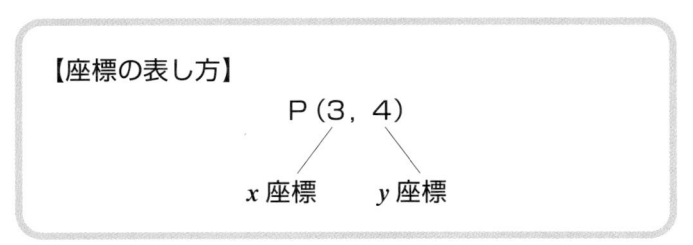

```
【座標の表し方】
        P (3, 4)
           │   │
          x座標  y座標
```

平面上の位置を表すためには、このように2つの数を使うことになります。平面の世界を「2次元の世界」と呼ぶのは、そんなところからです。同様に空間の位置を示すには3つの数が必要になります。このため「3次元の世界」と呼ばれます。

数学の基礎 — y は x に比例する

…片方が増えると、それにつれてもう片方も増える？

💡 片方が増えると、もう片方も増える？

日常生活で「比例」という言葉が登場するとき、だいたい次のような意味で使われていることが多いようです。

「片方が増えると、それにつれてもう片方も増える」

比例のもつだいたいのイメージとしてはそれでいいのかもしれませんが、上記のような意味では、たんなる「増加関数」です。数学で使う場合の「比例」は、もっと厳密です。

この「だいたい」と「厳密」のギャップで悩んでいる中学生・高校生 (本人たちは、そのギャップで悩んでいるとは思っていないかもしれませんが……) をこれまでたくさん見てきているので、まずそこからお話ししようと思います。

💡 いつも同じ割合で……

水槽にちょろちょろと水を入れるという問題を考えます。

水がない状態から始めて、3分後には9cmの高さまで水が入り、6分後には水位は18cmになりました。この時点でめんどうになって、その場を離れてしまいました。

ここまでのところを表にまとめてみましょう。

第3章 関数

時間(分)	0	3	6
水位(cm)	0	9	18

　では、9分後の水位は何cmでしょうか？　簡単ですね。27cmです。

　なぜ、すぐに27cmだとわかるのか？　それは、「この調子で」がこれからも続くと想定できるからです。
「この調子で」「いつも同じ割合で」……というのが、「比例」の重要なポイントなのです。

💡 比例定数を求めてみよう！

　では、もう少し先まで表をつくってみましょう。

時間(分)	0	3	6	9	12	15	……
水位(cm)	0	9	18	27	36	45	……

　表をつくるのは簡単ですね。
　では、7分後の水位は何cmですか？
　上の表では、3分ごとにしか数値が表されていませんから、この表から7分後の水位をすぐに読み取ることはできません。
　1分ごとの表をつくればよいのです。
　3分ごとに水位が9cmずつ高くなることは、表から読み取れます。これを、「1分ごとに……」と考えてみます。
　また、水を入れ始めてからの時間をx分、水位を$y$cmで表すことにします。

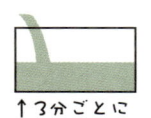

↑3分ごとに水位が9cm高くなる

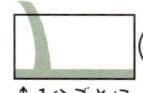

↑1分ごとに水位が3cm高くなる

この2つは同じことね

x(分)	0	1	2	3	4	5	6	7	8	……
y(cm)	0	3	6	9	12	15	18	21	24	……

x と y の関係が、「$y = 3x$」で表されることがわかります。x, y の値は変化します（**変数**）が、「3」は変化しません（**定数**）。あとで説明しますが、これが「比例定数」です。

💡 「比例」の性質をひと言で！

まとめましょう。

最初に「片方が増えると、それにつれてもう片方も増える」と述べました。しかし、この表現では「甘い」ということがわかっていただけたと思います。ただ「増える」だけではダメなんです。「いつも同じ割合で」というポイントが抜け落ちています。

また、「もう片方も増える」というのも甘い！ 「増える」だけが比例じゃないからです。一定の割合で「減る」場合だってありますよね。それも、比例なのです。さらに、比例には、「$x = 0$ のときは、$y = 0$ である」という大原則があります。

甘い！甘いなぁ ルノアールのココアより甘いっ！

第3章 関数

ポイントはわかりましたね。しかし、これらのことすべてを盛り込んで文章をつくっていると、文章が長くなってしまいます。もっと簡単に表す方法はないのでしょうか？

あります！

> 【比例】
> × 片方が増えると、それにつれてもう片方も増える
> ○ xの値が2倍，3倍，4倍，……になると、
> 　それに対応して、
> 　yの値も2倍，3倍，4倍，……になる

この文章なら、押さえるべきポイントの漏れ落ちはありません。もっと短くするには、

> 【比例】
> xの値がm倍になると、
> それに対応して、yの値もm倍になる

といえばいいですね。

💡 比例の関係を表す式

xの値がm倍になると、それに対応して、yの値もm倍になる——「比例」の性質について、ここまでは理解していただけたと思います。では次に、「比例」を表す式についてまとめておきましょう。

> y と x の関係が次のような式で表されるとき、
> 「y は x に比例する」という。
> $$y = ax$$

$$y = 3x \qquad y = \frac{1}{2}x \qquad y = 0.8x$$

$$y = -2x \qquad y = -\frac{4}{3}x \qquad y = -2.8x$$

など、これらはすべて「$y = ax$」の仲間です。つまり、y は x に比例します。このときの a を「**比例定数**」といいます。

逆に、「y が x に比例する」ということが先にわかっていることがあります。これを式で表すと、かならず「$y = ax$」の形になります。

> y が x に比例するとき、次の形の式で表される
> $$y = ax$$

いま、あらためて「片方が増えると、それにつれてもう片方も増える」を見て、どうですか？ この表現、数学としては、ほとんど0点に思えるでしょ？

なお、「y が x に比例する」ことを以下のような式で表すことがあります。

$$y \propto x$$

比例のグラフ

…比例のグラフを10秒以内にかく方法！

💡 比例のグラフは、原点を通る直線

さあ、比例のグラフについて考えてみましょう。

比例のポイントの1つに、「いつも同じ割合で増減する」ということがあります。これは、「グラフが直線になる」ということなのです。グラフをかくうえで、これは本当にありがたい。

もう1つ比例のポイントに、「$x=0$ のときは、$y=0$」ということがあります。これは、グラフが原点を通るということを示しています。

> 比例のグラフは、原点を通る直線

💡 坂道の傾きぐあいをどうやって示すか？

下のような道路標識を見たことがあると思います。道路の傾きぐあい（勾配）を示しているのだろうということはわかりますが、10％とはどういうことでしょうか？

これは、水平に100m進めば、10m上がるくらいの上り坂ということを示しています。角度で表すと、約5度になります。

　このように傾きぐあい（角度）を表すには、2つの方法があります。

> 【傾きぐあいの表し方】
> 　その1……水平距離と垂直距離で示す
> 　その2……角の大きさを示す

　比例を表す式「$y = ax$」の比例定数aは、その1の方法で傾きぐあいを示しています。

🔍 比例定数 a の値が示すもの

　では、「$y = 2x$」のグラフを書いてみましょう。

　比例定数は、2です。この「2」が、グラフの傾きぐあいを示しています。

　2をむりやり分数にして、$\frac{2}{1}$と考えます。分母の1が水平距離、分子の2が垂直距離です。つまり、「水平に1進むと、2上がる」ことを示しています。もっとくわしくいえば、「xが1増加すると、yは2増加する」ということを表しています。

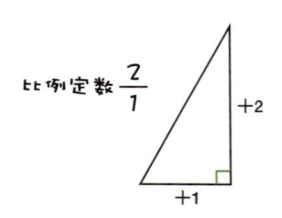

比例数 $\frac{2}{1}$　　＋2　　＋1

　原点を通ることがわかっていますから、まず原点に印。次に右

第3章 関数

に1進み、上へ2進んだところに印。その点をスタートとして、ふたたび右に1、上へ2のところに印。これを繰り返せば、印が一直線に並んでますから、定規でスーッと結べばできあがりです。

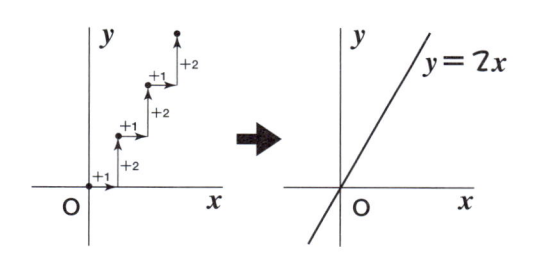

　グラフが直線になるとわかっているわけですから、目印となる点は最低2つあればいいですね（ただし、慣れないうちはたくさん点を取ったほうがかきやすいですよ）。2つの点のうちの1つは原点ですから、あともう1つだけ点を取れば、直線をひくことができるはずです。

「原点ともう1点をとれば、比例のグラフはかける」

💡 比例定数が分数でもカンタン！

では、「$y = \dfrac{2}{3}x$」のグラフをかいてみましょう。

比例定数は、$\dfrac{2}{3}$。これは、「x が3増加すると、y は2増加する」ということを示しています。

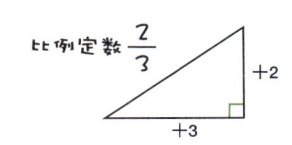

【比例定数】

$$\frac{2}{3} \begin{array}{l} \cdots\cdots y\text{軸の方向に2} \\ \cdots\cdots x\text{軸の方向に3} \end{array}$$

従って、まず原点に印。次に右に3進み、上へ2進んだところに印。ふたたび右に3、上へ2のところに印。これを繰り返して印を結べば、グラフはできあがります。

このように比例定数の値で、グラフが急な坂道になるか、緩やかな坂道になるかが表現できるというわけです。

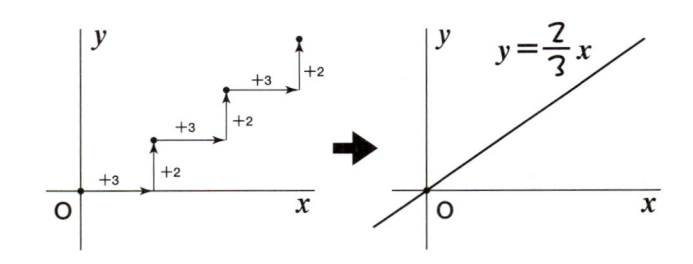

💡 右上がり？　右下がり？

比例定数が負ならグラフはどうなるでしょうか？

たとえば、$a = -\frac{1}{2}$ の場合、これは、「x が2増加すると、いつも y は1減少する」ということを表しています。グラフは次のようになります。

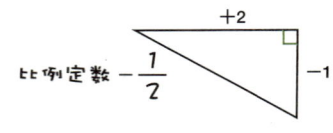

$$y = -\frac{1}{2}x$$

【比例のグラフ】

比例 $y = ax$ のグラフは、次のような直線である

比例定数 a が正のとき
右上がりの直線

比例定数 a が負のとき
右下がりの直線

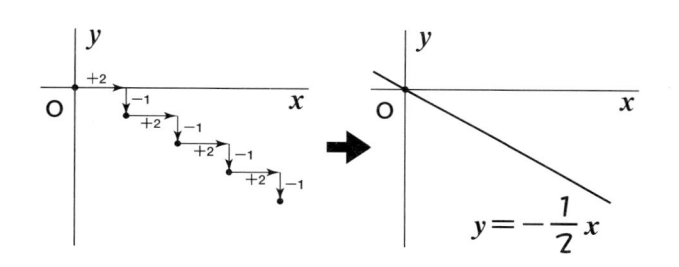

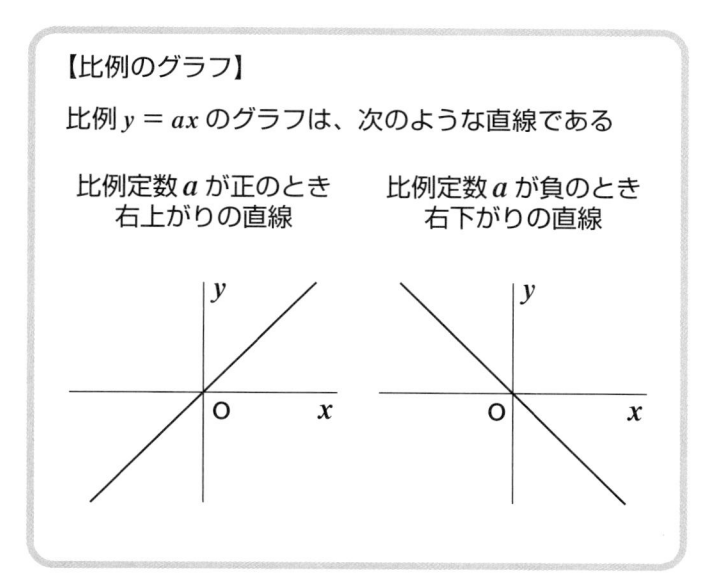

 ちなみに、比例定数が0のときには、どんなグラフになるでしょう?

 そのときは、$y = 0$ という式になります。x の値にかかわらず、y はいつも0ということです。グラフは、原点を通る水平な直線になります。つまり、x 軸と重なるということです。

変域

数学の基礎

ものには、限度ってぇもんがあるんだ

💡 水槽の水があふれてしまう〜！

比例を表す式は、$y = ax$ でした。a の値は決まっています（定数）が、x や y はその値が変わります（変数）。

この場合、x の値が先にあり、それに対応して y の値が定まります。そこで、x は「独立変数」、y は「従属変数」と呼ばれています。

さて、ふたたび水槽に一定の割合で水を入れる問題を考えましょう。x 分後の水位を y cm とします。

x（分）	0	3	6	9	12	15	18	……
y（cm）	0	9	18	27	36	45	54	……

この表の関係を式に表すと、$y = 3x$ になります……か？

えっ？　本当にそうですか？　表をよ〜く見てください。

どうやら、この水槽は水位が 45cm を越えると、水があふれてしまうようです。15 分後には水を止めたほうがよいですね。

💡 x の変域（定義域）と y の変域（値域）

この場合、$y = 3x$ と表せるのは 15 分までですね。それを超えると、水があふれてしまいます。水浸しになってしまいますから、注意を呼びかけたほうがよいですね。

x の値の取る範囲は 0 以上 15 以下ということです。このことを、以下のように表します。

$$y = 3x \ (0 \leq x \leq 15)$$

$y = 3x$ という式が受け持つ「守備範囲」が、$0 \leq x \leq 15$ だということを表しています。守備範囲を超えてこの式が使えるかどうかは保証しないよ、ということです。

一方、y の値の取る範囲は 0 以上 45 以下です。このことを、「$0 \leq y \leq 45$」と表します。

変数の取る値の範囲を、その変数の「**変域**」といいます。独立変数の変域（この場合、x の変域）は「**定義域**」、従属変数の変域（この場合、y の変域）は「**値域**」と呼ばれます。最近の中学の教科書では、定義域、値域という用語は登場せず、x の変域、y の変域という言葉が使われています。

$$x \text{ の変域……定義域}$$
$$y \text{ の変域……値域}$$

一般に変域がある関数では、独立変数の変域だけを示すことが普通です。また、変数がすべての数である場合は、変域を示さないことがふつうです。

💡 変域のある関数のグラフ

　下は、「$y = \dfrac{1}{3}x \ (-3 \leqq x \leqq 6)$」のグラフです。

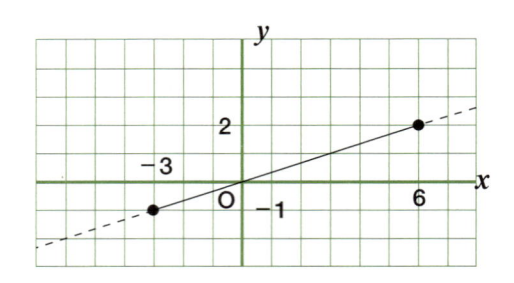

　x の変域が $-3 \leqq x \leqq 6$ ですから、グラフもその範囲だけを示しています。注意すべきは、グラフの端です。端が●になっているのは、その点を含んでいるという意味です。

　次は、「$y = \dfrac{1}{2}x^2 \ (-4 < x < 6)$」のグラフです。グラフの端が○になっているのは、その点を含まないという意味です。この場合、y の変域は、$0 \leqq y < 18$ になります。

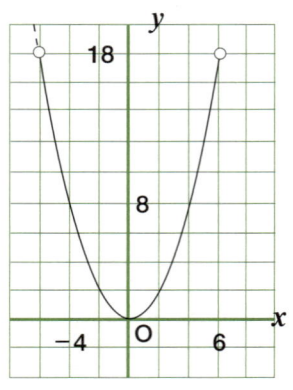

y は x に反比例する

片方が増えると、それにつれてもう片方が減る？

💡 比例じゃなければ、反比例だ？

こういっては失礼ですが、以下のイラストのような理解の方が（多数）いらっしゃいます。

これは、かなり「大胆」な理解です。世の中の数量関係は、比例・反比例だけではなく、ほかにもたくさんあります。たとえば、こんな問題。

【問題】
1000円札を持って買い物をします。品物の代金とおつりの関係は？

これは、比例ではありません。かといって、反比例でもありません。ところが、反比例だとするまちがいがとても多いのです。これはつまり、「反比例」という言葉を、まちがって理解してしまっ

ているということです。

💡 「反比例」を判断する方法

反比例かどうかを判断する簡単な方法は、次をチェックすることです。

> 【反比例】
> 片方の値が2倍, 3倍, 4倍, ……になると、
> それに対応して、
> もう片方の値が$\frac{1}{2}$倍, $\frac{1}{3}$倍, $\frac{1}{4}$倍, ……になる

先ほどの買い物の問題、品物の代金が2倍になったら、おつりの金額が2分の1になりますか？ 代金が3倍になったら、おつりが3分の1になりますか？ なりませんよね。だから、反比例ではない。それだけです。

上のイラストのような場面で、「反比例」という言葉を使う人が

います。もちろん、伝えようとする内容や気持ちはわかります。でも、ここで「反比例」という言葉を使うのは違います。そうじゃないんだ、もっと厳密なんだということです。あんまりいうと、「だから数学の先生は……」と嫌われそうですね。

💡 反比例の関係を表す式

さあ、「反比例」の関係を表す式を紹介しましょう。

> x と y の関係が次のような式で表されるとき、
> 「y は x に反比例する」という
>
> $$y = \frac{a}{x}$$

$$y = \frac{3}{x} \qquad y = \frac{1}{2x} \qquad y = \frac{0.8}{x}$$

$$y = -\frac{2}{x} \qquad y = -\frac{4}{3x} \qquad y = -\frac{2.8}{x}$$

など、これらはすべて「$y = \frac{a}{x}$」の仲間です。つまり、y は x に反比例します。

このときの a を比例定数といいます。ただし反比例では、$x = 0$ に対応する y の値はありません（くわしくは「不能、不定」の項目（P.14）を読んでください）。

逆に、「y は x に反比例する」ということが先にわかっていることがあります。これを式で表すと、かならず「$y = \frac{a}{x}$」の形になります。

> y が x に反比例するとき、次の形の式で表される
>
> $$y = \frac{a}{x}$$

反比例の特徴は、先ほど述べたとおりです。

「x の値が2倍, 3倍, 4倍, ……になると、それに対応して、y の値は $\frac{1}{2}$ 倍, $\frac{1}{3}$ 倍, $\frac{1}{4}$ 倍, ……になる」

文字を使えば、もう少し短くなります。

> 【反比例】
> x の値が m 倍になると、それに対応して、
> y の値は $\frac{1}{m}$ 倍になる

これは、x の値と y の値の積が一定であるということです。従って、x と y の関係を、$xy = a$ と表すこともあります。よく利用する式ですので、この形も使いこなしたいですね。

> y が x に反比例するとき、次の関数が成り立つ
>
> $$xy = a$$

第 3 章　関数

💡 部活動の練習量と成績の関係は、反比例？

典型的な問題を 1 つ。

> 【問題】
> 面積が 24 cm² となるように長方形の縦の長さと横の長さを考えなさい

この問題では、縦の長さと横の長さの積は常に 24 でなければなりません。従って、縦の長さが 2 倍，3 倍，4 倍，……になると、それに対応して、横の長さは $\frac{1}{2}$ 倍，$\frac{1}{3}$ 倍，$\frac{1}{4}$ 倍，……になります。反比例の関係だとわかります。「縦の長さと横の長さの積は常に 24」、これが反比例の場合の比例定数の正体です。

さて、「部活動の練習量と成績の関係は、反比例」という言い方ですが、練習量が 2 倍になったからテストの点数が半分になるという、そういうきちんとした関係があるわけではありませんね。

この場合は、以下のように言ったほうがよいと思います。
「部活動の練習量と成績の関係には、負の相関がある」

ただし、本当に負の相関があるのかどうか、私は調べたことがありません。

双曲線

双曲線なら、カーボン紙を使えば一度にかけるかも？

💡 反比例のグラフ

反比例 $y = \dfrac{6}{x}$ のグラフをかいてみましょう。

そのためにまず、表を作成します。

x	……	-6	-3	-2	-1	0	1	2	3	6	……
y	……	-1	-2	-3	-6	/	6	3	2	1	……

$x=0$ に対応する y の値は存在しませんから、その意味で斜線をひいておきました。

さて、上記の表が示す座標を座標平面上に取っていくと、左下のようになります。さらに、それを結ぶと右下のグラフができあがります。

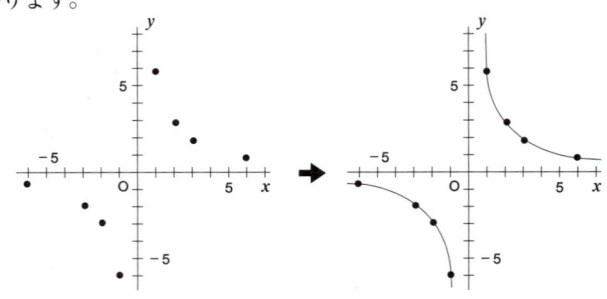

このように、2つの曲線が第1象限（x 軸、y 軸で区切られた4つの領域のうちの右上の領域）と第3象限（左下の領域）に現れています。反比例のグラフに現れるような1組の曲線を「**双曲線**」といいます。「双子の曲線」ということですね。

第3章 関数

反比例のグラフは、双曲線

💡 円すいに現れる双曲線

双曲線は、原点について点対称の位置にあります。また、$y = x$、$y = -x$ の直線についてそれぞれ線対称になっています。従って、カーボン紙などをうまく使えば、双曲線の半分をかいただけで、残り半分を写し取ることができそうですね。

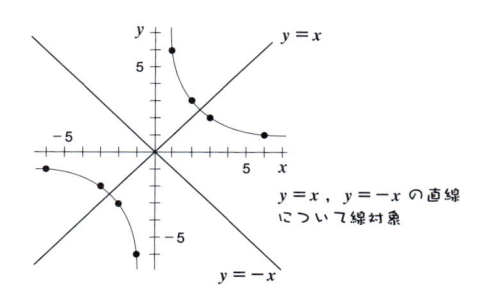

$y = x$, $y = -x$ の直線について線対象

双曲線は、円すいを切断したときに現れることがよく知られています。図のように、2つの円すいを上下に重ねます（双円すい）。上下の円すいに交わるように、かつ、頂点を通らないような平面で切断すれば、そこに双曲線が現れます（切断するときの角度によって、楕円や放物線が現れることもあります）。

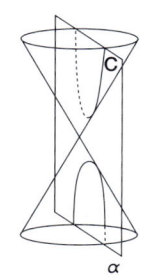

C：双曲線

💡 本当にこんなグラフでいいの？

さて、先ほどのグラフのかき方を「こんなんでいいの？」と思った人はいませんか？

たとえば、$x=3$ と $x=6$ の間については調べていません。ですから、もしかしたら以下のようなグラフになる可能性だってあるのです。

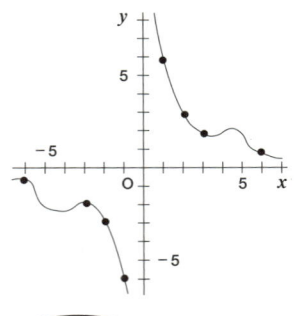

（楽なんだけど本当にあっているのかしら？）

そんなことを無視して、なめらかな曲線で結んでしまいましたが、本当にそれでよいのでしょうか？　結論としては、「よい」のです。この本では扱いませんが、「微分」ということを学習すれば、そのあたりがよくわかるようになります。

💡 ゆっくり、ドスン

さて、今度は、グラフの増減について見てみましょう。比較のために、$y = \dfrac{6}{x}$ のグラフ（第1象限のみ）と $y = 6 - x$ のグラフを並べてみました。

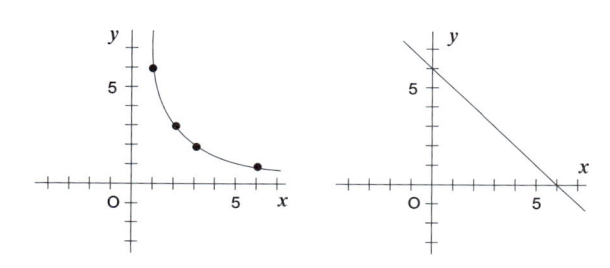

両方とも、「x の値が増えると、それにつれてもう y の値が減る」という関係が見てとれます。しかし、$y = \dfrac{6}{x}$ のグラフのほうは、一様に減るのではありませんね。ドスンと減る部分と、ゆっくりと減る部分があります。それが反比例の特徴です。

💡 2倍，3倍，4倍になると……？

次は、比例定数が負の場合のグラフです。$y = -\dfrac{6}{x}$ のグラフを見てください。双曲線が、第2象限と第4象限に現れています。比例定数の正負の違いで、グラフの現れる場所が全然違ってくるのです。

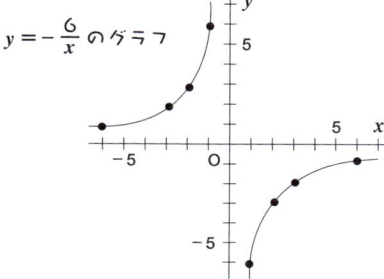

このグラフでもう1つ注目すべきところは、「x の値が増えると、それにつれて y の値が増える」ということです。

従って、反比例全体の特徴として、「片方が増えると、それにつ

れてもう片方が減る」というイメージをもっているとしたら、それはまちがいということになります。それは、比例定数が正の場合に限定していえることです。

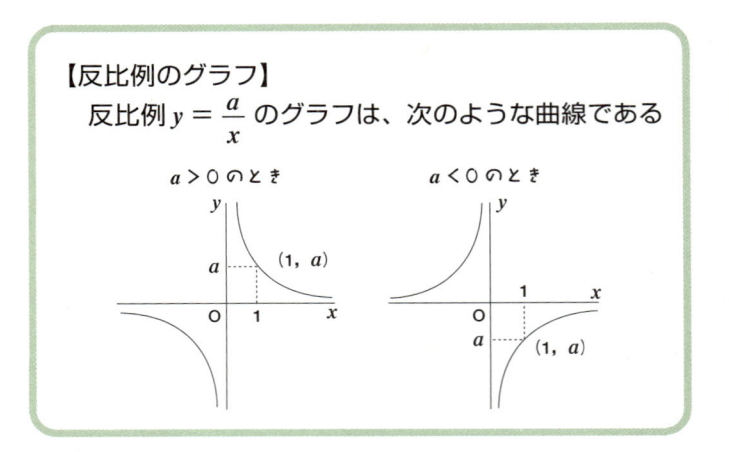

【反比例のグラフ】
　反比例 $y = \dfrac{a}{x}$ のグラフは、次のような曲線である

$a > 0$ のとき　　　　$a < 0$ のとき

💡 漸近線

　反比例のグラフのもう1つの特徴は、「漸近線」があるということです。グラフがかぎりなく近づいていく直線を「漸近線」といいます。中学校ではこの言葉は学習しませんが、重要な特徴です。

　反比例のグラフでは、x 軸と y 軸が漸近線です。グラフは、x 軸、y 軸にかぎりなく近づきますが、接したり交わったりしません。

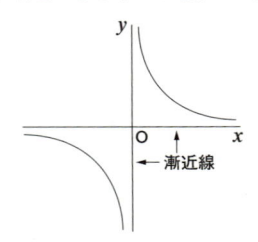

比例定数

数学の基礎

その数を見れば、比例のすべてがわかる!?

❓ 反比例でも、「比例定数」?

x と y との間に、「$y = \dfrac{a}{x}$」が成り立っていれば、「y は x に反比例する」といいます。また、a は「**比例定数**」と呼ばれます。

「反比例なのに、どうして『比例定数』というのですか？」

よく聞かれることです。ドキッとします。

「y は x に反比例する」というのは、「y は $\dfrac{1}{x}$ に比例する」という言い方もできます。その意味で、反比例でも「比例定数」と呼ぶの

は、許してあげてもよさそうです。

だめですか？ 納得できませんか？ では、一般的な話をしましょう。

> x と y との関係が次のような式で表されるとき、
> 「y は x の n 乗に比例する」という
> $$y = ax^n$$

一般に、x と y との間に「$y = ax^n$」の関係があるとき、「y は x の n 乗に比例する」といい、a を「比例定数」といいます。$n = 1$ のときは、「$y = ax$」というおなじみの式になります。たんに「比例」といえば、この関係を指すことが多いです。

$n = 2$ のときは、「$y = ax^2$」になります。これは、「y は x の2乗に比例する」といわれます。

では、$n = -1$ のときを考えてください。

$y = ax^{-1}$

これは、「$y = \frac{a}{x}$」という式と同じ意味です。従って反比例の場合でも、a を「比例定数」と呼ぶことはなんら問題がないわけです。

💡 その比例って、どんな比例？

比例定数は、かなり重要です。

原点を通る直線のグラフをいくつか集めてみました。これ以外にも、原点を通る直線なんて、何本でもかくことができます。

これらのグラフが示す x と y の関係は、すべて「$y = ax$」という形で表すことができるのです。なんだかとっても感動します。感

動しませんか？

「その比例って、どんな比例？」って尋ねられたら、説明に必要なのはたった1つの数だけです。それが、比例定数です。

　従って、中・高校生諸君（大人のみなさんも）！　「比例定数を制すれば、比例を制す」というわけです。

数学の基礎 — 関数

英語では「function」っていうんです

💡 関数とは…？

中学校の教科書には、関数について下のような説明がされています。しかし、関数そのものについては、深く取り扱われることはあまりありません。

> 【関数】
> ともなって変わる2つの数量 x, y があって、x の値を決めると、それに対応する y の値がただ1つ決まるとき、y は x の関数であるという

一度読んだだけで、この文章がなにをいわんとしているのかがわかった人は、すばらしい理解力だと思います。

関数とはつまりどういうことなのか、くわしく見ていきましょう。

💡 フィーリングカップル5対5

1973年から1985年まで放映されていた『プロポーズ大作戦』というテレビ番組の中で、「フィーリングカップル5対5」という人気のコーナーがありました。簡単にいえば、大学生が学校対抗形

式で行う集団お見合いのようなコーナーで、5人の男性と5人の女性がそれぞれチームを組んで登場します。

双方からいくつかの質問を投げかけ、相手のチームがそれに答える。その間、それぞれのメンバーは、自分のお相手として誰がいいかを考える。

最終的に、男性は5人の女性の中から1人を選び、そのボタンを押す。女性も5人の男性の中から1人を選び、そのボタンを押す。両想いになれば、めでたしめでたし。司会者の巧妙な進行で、おもしろおかしくその結果が発表される――というゲームです。

💡 女性が余っていても、「関数」

説明が長くなりましたが、この「フィーリングカップル5対5」を使って、関数を説明したいと思います。

先ほどの中学生向けの関数の定義を、もう少し一般化すると、次のようになります。

【関数】

2つの集合X,Yがあって、Xのどの要素 x にも、Yの要素 y がちょうど1つ対応しているとき、この対応をXからYへの関数という。

y が x の関数であることを、次のように表す。

$$y = f(x)$$

2つの集合X, Yというのが、男性グループ、女性グループに当たります。男性グループの要素(メンバー)を、A, B, C, D, Eとします。女性グループの要素(メンバー)を、F, G, H, I, Jとします。

男性グループが最終的に自分の相手として、次のように選んだとします。

Jの女性

私を選んでくれなくても「関数」よ

これは、立派な関数です。先の定義になにも反していません。女性グループのFばかりが選ばれている、また女性グループのIとJへの対応がないとの反論があるかもしれません。

しかし、定義をよく読めば、関数の定義に違反していないことがわかります。Yの要素のある1つに複数の対応があっても、Yの要素に余りがあっても、関数にとっては重要なことではありません。

💡 優柔不断なのはダメ!

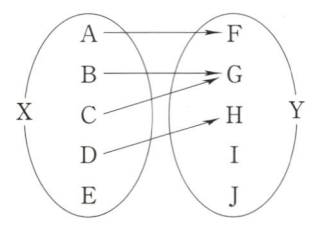

Eの男性

決められないのは「関数」じゃないんだ……

これは関数と呼んでよいでしょうか？ Eは優柔不断な性格なのでしょう、1人を決めることができませんでした。残念ながらこれは、関数とは呼べません。「Xのどの要素xにも」に違反しているからです。

💡 二股をかけてはダメ！

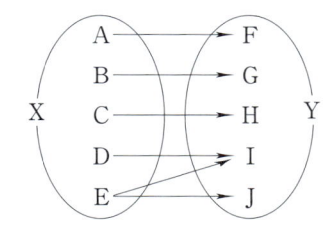

```
    A ────→ F
    B ────→ G
X   C ────→ H   Y
    D ╲  ╱→ I
    E ─╳─→ J
```

これも、関数とは呼べません。Eがいわゆる「二股」をかけているからです。「Yの要素yがちょうど1つ対応している」に違反します。この場合のEは、社会規範に照らしてみても「違反」と見なされることが多いので、気をつけましょうね。

> 二股をかけるのは
> 反則……だから
> 「関数」じゃないの！

丁の女性

浮気は男の甲斐性
……なんていったらぶっ飛ばすわよ

💡 「関数」とは、「対応の仕方」につけられた名前

先ほどの例で、「関数」というもののイメージをつけてもらうことができたでしょうか？ 「対応の仕方」はさまざまです。そのな

かで、ある条件を満たしているものを「関数」と呼ぶわけです。

しかし、さっきの「フィーリングカップル5対5」の例では、そもそも「数」が1つも登場していないぞ、それでも「関数」というのか？　——読者のみなさんの中には、そんな疑問があるかもしれません。でも、定義を再度読んでください。要素とはかいてありますが、数とはかいていませんね。関数という考え方は、本当はもっと広〜い範囲の中で考えられているものなのです。

しかし、そのあたりも考慮して、数が登場する場合を「関数」、一般的には「写像」と区別することもあります。

「関数」は、以前は「函数」と書かれていました。「函」の字が教育漢字にはないので、「関」になったようです。なお「函数」は、英語の「function」の中国語における音訳です。

　　ファンクション→カンスウ

ほら、なんとなく似てるでしょ！　ちなみに、$y = f(x)$のfは、「function」の頭文字です。

1次関数

数学の基礎 … 1次関数は、関数の学習のスタートライン！

💡 「関数」という「数」があるわけじゃない！

2つの数量の対応の中で、ある条件を満たしているものを「関数」と呼びます。比例も「関数の仲間」ですし、反比例も「関数の仲間」です。

ただ反比例の場合は、少し説明が必要です。反比例では、$x = 0$ に対応するyの値がありません。これでは「Xのどの要素xにも」という条件に反しています。そこで、xの変域からあらかじめ$x = 0$だけを除いておくのです。こうすれば「違反者」がいなくなるので、堂々と関数だということができます。

さて、ここまでの説明で、「関数」というものが、「対応の規則」みたいなものだとイメージしていただけたと思います。

中学校では、1年生の比例、反比例に続いて、2年生で「1次関数」を学習します。やっと、比例でも反比例でもない関数が登場します。

💡 1次関数って？

xにともなってyが変化し、yがxの1次式で表されるとき、「yはxの**1次関数**」といいます。

> xとyの関係が次のような式に表されるとき、
> 「yはxの1次関数」であるという
> $$y = ax + b$$

比例を表す式と並べてみましょう。

1次関数 ……$y = ax + b$
比例　　……$y = ax$

「$+b$」の部分があるかないかだけの違いです。1次関数の式は、$b=0$ のとき、$y=ax$ という比例を表す式になりますから、比例は1次関数の特別な場合ということができます。

たとえば、$y=2x+3$ のグラフは、$y=2x$ のグラフを y 軸の正の方向に3だけ移動したものになります。

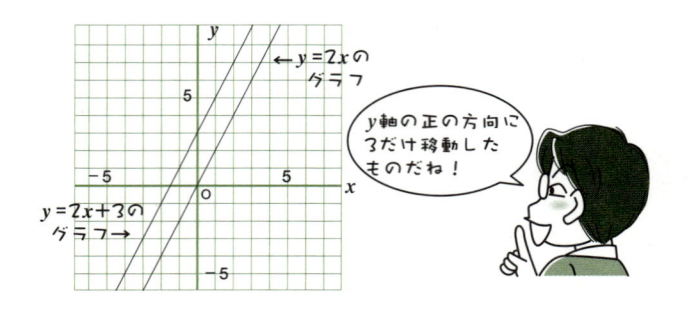

数学の基礎

切片と傾き

…これさえあれば、1次関数のグラフなんて簡単

💡 y 軸上の切片

ここでは、1次関数のグラフのかき方を説明します。

比例のグラフも1次関数のグラフも、直線になります。ですからグラフのかき方に大きな違いはありません。まずこのことを覚えておきましょう。

> 1次関数のグラフも直線！だから大きな違いはないよ

比例のグラフは、原点を通ります。だから最初に原点に印をつけました。では、1次関数のグラフをかくには、まずどこに印をつければよいでしょうか？ 実は、式を見るだけで簡単にわかるのです。

$y = \dfrac{1}{2}x + 2$ → y 軸上の 2 を通る

$y = -x - 3$ → y 軸上の -3 を通る

1次関数 $y = ax + b$ の定数項 b は、$x = 0$ のときの y の値です。従って、グラフは y 軸の b のところを通ります。つまり、$y = ax + b$ の b の値を見れば、y 軸のどこを通るのかすぐにわかってしまうのです。

そこで、この b を1次関数 $y = ax + b$ の「**y 軸上の切片**」といいます。簡単に「**y 切片**」あるいは「**切片**」と呼ばれることもあります。

1次関数のグラフをかくときは、まず y 切片です。

219

> 【y切片(y軸上の切片)】
> 　1次関数 $y = ax + b$ のグラフは、
> 　　　　　　y軸のbのところを通る

🔍 傾き

次は、直線の傾きぐあいです。これは、$y = ax + b$ のaを見れば わかります。

aは、直線が右上がりか、右下がりか、急な傾きか、緩やかな 傾きかを示しています。そこで、このaを1次関数 $y = ax + b$ の 「**傾き**」と呼んでいます。くわしくは「比例」の項目(P.191)を読ん でください。

> 【$y = ax + b$ のグラフ】
> 　1次関数 $y = ax + b$ のグラフは、次のような直 線である

第3章 関数

$a > 0$ のときは右上がり　　　$a < 0$ のときは右下がり

💡 グラフをかいてみよう！

さあ、ひとつグラフをかいてみましょう。

$y = \dfrac{1}{2}x + 2$

① y切片が2 → y軸上の2を通る。(0, 2)に印をする
② 傾きが $\dfrac{1}{2}$ → (0, 2)から右に2、上に1の点に印をする
③ その点からふたたび右に2、上に1の点に印
　それを繰り返す

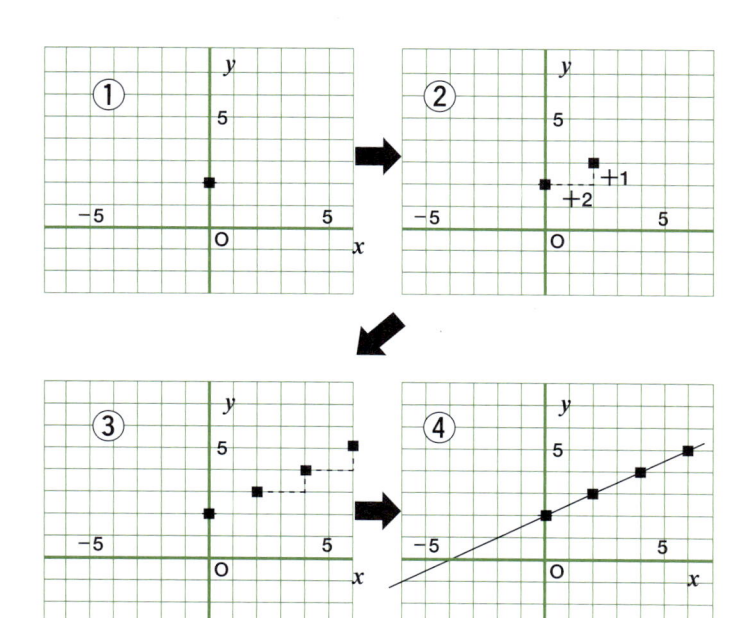

④直線状に並んでいる点を結ぶ

💡 平行になるグラフ

次の2つの1次関数の式を見て、みなさんはどんなことに気がつきますか？

$y = 2x + 1$ ……①
$y = 2x - 3$ ……②

（グラフ：$y=2x-3$のグラフ、$y=2x+1$のグラフ）

（吹き出し：傾きが等しい場合は平行！）

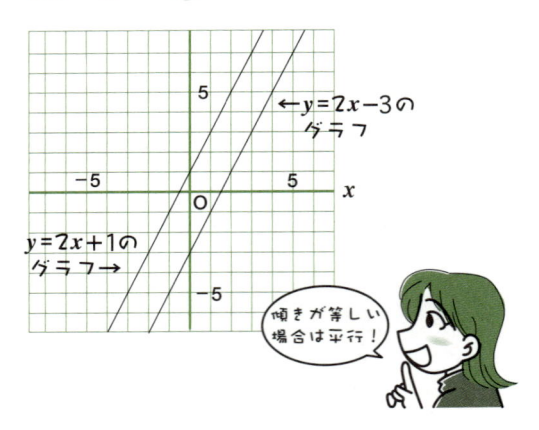

$y = ax + b$のaの値、「傾き」が同じですね。つまり、この2つのグラフは、グラフをかく前から平行になることがわかってしまうのです。

平行になるのですから、この2つの直線が交わることはありません。従ってこの2式からなる連立方程式には、解が存在しません。

「傾き」が等しい2直線は、平行

第3章 関数

💡 直交するグラフ

2つの1次関数のグラフが垂直に交わるかどうか？ これも、グラフをかく前から判断することができます。

2つの1次関数の傾きをかけあわせて、その結果が−1になれば、グラフは垂直に交わります。

$$y = \frac{2}{3}x + 1 \qquad y = -\frac{3}{2}x - 3$$

$$\frac{2}{3} \times \left(-\frac{2}{3}\right) = -1 \longrightarrow \text{傾きの積が−1になると}$$
グラフは直交する

傾きの積が−1ならグラフは直交する！

2乗比例関数

…いつもの2倍の面積のお好み焼きを食べるなら…

💡 円の面積の求め方

さて、今度は「y が x の2乗に比例する」場合を扱います。

> y が x の関数で、その関係が次のような式で表されるとき、「y は x の2乗に比例する」という
> $$y = ax^2$$
> また、このときの a を「比例定数」という

たとえば、円の面積です。小学校で円の面積を求める公式を覚えましたね？

(円の面積) = (半径) × (半径) × 3.14

これをちょっとかっこよく表してみましょう。円の半径を r、面積を S で表すと、おなじみの公式が現れます。もちろん円周率は π で表します。

$$S = \pi r^2$$

この式は、S が r の2乗に比例していることを表しています。ですから、$y = ax^2$ の仲間です。比例定数は π です。

> 円の面積は、半径の2乗に比例する

第3章 関数

💡「お好み焼き問題」

そこで、こんな問題です。

お好み焼きは、完全な円ではありません。しかしまあ、ここはご愛敬で円として扱ってみましょう。

> 【問題】
>
> お好み焼きの大好きな直彦君、いつものお好み焼き屋にやってきました。今日は特別にお腹がすいていたので、
> 「おばちゃん、いつもの2倍の面積のお好み焼きが食べたいんだ。だから、いつもの半径の2倍の大きさのを焼いてよ」
> さて、直彦君は、本当に「2倍」食べることになるのでしょうか？

ちょっと計算してみればわかることですが、実際に円の半径を2倍すると、面積は4倍になります。つまり、いつものお好み焼きの半径を2倍にすると、4倍もの面積のお好み焼きができあがってしまうのです。それは、食べ過ぎです。

> 半径を2倍すると、円の面積は4倍になる

本当は、

> yがxの2乗に比例するとき、
> xの値がm倍になれば、yの値はm^2倍になる

と覚えてほしいのですが、まずは、生徒たちには「お好み焼き問題」と称して、印象づけることにしています。

💡 面積を2倍にするには？

再度、まとめておきます。

円の面積Sは半径rの2乗に比例しているのですから、半径が2倍になれば面積は4倍、半径が3倍になれば面積は9倍、4倍になれば16倍……になります。逆に、半径が2分の1になれば面積は4分の1、半径が3分の1になれば面積は9分の1になります。

では、いつもの2倍の面積のお好み焼きを食べたい直彦君は、半径を何倍にすればよいのでしょう？

簡単ですね。2乗した結果が2になる数を求めればよいのです。つまり、2の平方根です。

2の平方根は2つ存在します。$+\sqrt{2}$と$-\sqrt{2}$です。しかし、この場合、負の平方根は答えとして適当ではありません。面積を2倍にするには、半径を$\sqrt{2}$倍すればよいのです。

面積を2倍にしたいのなら半径を$\sqrt{2}$倍に！

第3章 関数

💡 コピー機で拡大

コピー機を使うと図面を簡単に拡大することができます。Ａ４サイズの書類をＡ３に拡大したい（面積は２倍になる）なら、$\sqrt{2}$ 倍を設定すればいいのです。

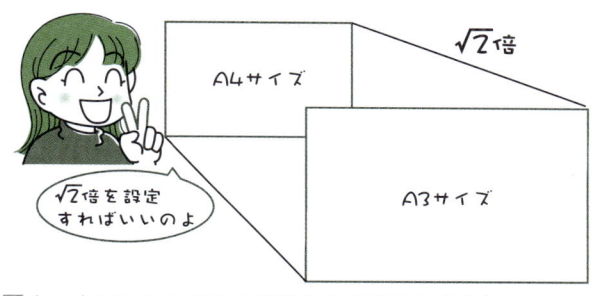

$\sqrt{2}$ といえば、おなじみの語呂合わせがありますね。

$$\sqrt{2} = 1.41421356237309 \cdots\cdots$$
　　　一夜一夜に人見頃（ひとよひとよにひとみごろ）

従って、約 1.41 倍すればよいのです。

一方、Ａ３の書類をＡ４サイズに縮小するときには、面積を半分にすることになります。面積を２分の１にするためには、長さを $\sqrt{2}$ 分の１倍します。約 0.71 倍です。

最近のコピー機では、最初から「A4 → A3」「A3 → A4」などとかかれているので、「1.41 倍」「0.71 倍」を意識することが少なくなってきました。いいことなのか、悪いことなのか……。

放物線

... パラボラアンテナは、放物線を利用していた！

🔍 昔は、「抛物線」って書いていた？

「放物線」は、その言葉のとおり、投げられた物が描く線です。空に向かってボールを投げ上げると、ボールは放物線を描いて落ちてきます。もっとも、実際は空気の抵抗や風の影響もあるので、「放物線に近い線」といったほうがいいでしょう。

野球の放送で、アナウンサーが、「入ったー！ ライトスタンドへライナーで飛び込む逆転ホームラン」などと言いますが、あれはかなりおおげさです。「ライナー liner」というのは、「直線」という意味です。打球は直線的（ライナー）ではなく、放物線を描いて飛んでいきます。でも私は、それくらいおおげさな実況中継のほうが好きです。

入ったーーー!!
ライトスタンドへ
ライナーで飛び込む
逆転ホームラン！

さて「放物線」は、以前は「抛物線」と書かれたようです。漢和辞典で調べると、「抛」には次のようにありました。

もとの字は「手＋尤（手が曲がる）＋力」で、曲線をなして曲がるように物をほうりなげること。

なるほど、「抛物線」のほうがぴったりきますね。

第3章 関数

　投げられた物が描く線のほかにも、放物線はさまざまな場面に現れます。コップに水を入れてスプーンでかき回すと、水が回転します。スプーンを抜いて観察してください。水面の中央部がへこんでいます。放物線が回転したときの曲面です。

　また、円すいを母線(円すいの頂点と底面の縁とを結ぶ直線)に平行な面で切断したときの切り口も放物線になります。

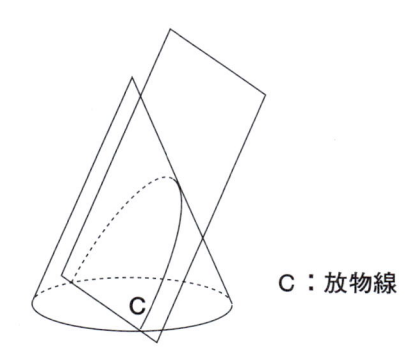

C：放物線

💡 あのアンテナもそうだった！？

　2次関数のグラフは、放物線になります。

　中学校では「$y = ax^2$」という関数を学習しますが、これは、2次関数のもっとも簡単な例ということになり、もちろんそのグラフも放物線になります。レンズが光を1点に集めるとき、その点を「焦点」といいますが、放物線にも「焦点」があります。放物線を使って、光を1点に集めることができるのです。

放物線の焦点

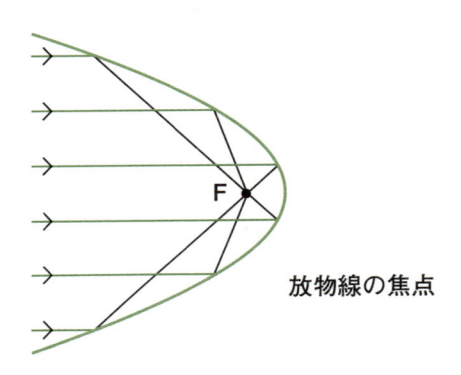

　上の図のように、放物線に向かって入ってきた平行な光線は、放物線に当たって反射し、点Fに集まります。これが放物線の「焦点」です。

　放物線は英語で「parabola」。そう、「パラボラアンテナ」の「パラボラ」です。パラボラアンテナは、放物線の特徴を利用したもので、焦点のところに集波器が設置されています。案外身近に放物線が利用されていたのですね。

> パラボラアンテナも放物線の特徴を利用したものなんだ

　ちなみに、$y = x^2$ の放物線の場合、焦点の座標は $(0, \frac{1}{4})$ となっています。

💡 $y = ax^2$ のグラフの特徴

さて、2次関数のもっとも簡単な場合である、$y = ax^2$ のグラフについてまとめておきましょう。

> 【$y = ax^2$ のグラフの特徴】
> ・グラフは原点を通り、y 軸について対称な放物線になる
> ・$a > 0$ のときは、上に開いた放物線になる
> ・$a < 0$ のときは、下に開いた放物線になる
> ・a の絶対値が大きいほど、放物線の開き方は小さくなる

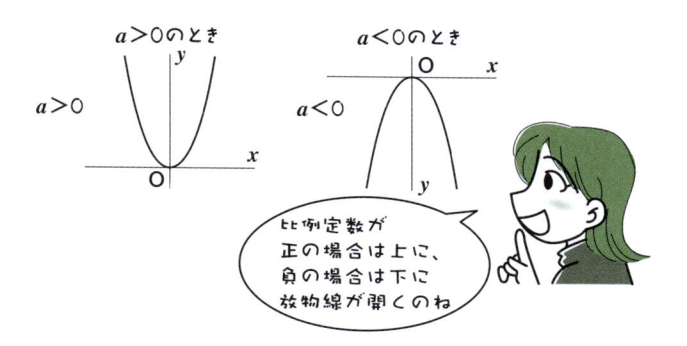

a>0のとき　　　　*a*<0のとき

比例定数が正の場合は上に、負の場合は下に放物線が開くのね

上のグラフのように、放物線は左右対称なグラフになります。対称の軸のことを「<u>放物線の軸</u>」、軸と放物線との交点を「<u>放物線の頂点</u>」と呼びます。

$y = ax^2$ の放物線の場合は、y 軸が放物線の軸、原点が放物線の頂点になっています。

数学の基礎

変化の割合

変化の割合が一定って、めずらしいと思うのですが……

💡 なんの表でしょう？

下の表を見てください。yについては、一部の値だけを入れています。

x	0	1	2	3	4	5	6	7	8	9	10	……
y						110	116	122	128			

さて、$x = 9$のときのyの値がわかりますか？ 134？ おしいなぁ！ 正解は133でした。
「おかしいなぁ、6ずつ増えているんじゃないの？」
と思いますよね。

ところがコレ、ある子どもの年齢（歳）と身長（cm）の関係なのです。毎年、決まって6cmずつ身長が伸びていたら、20歳のころには200cm、80歳では560cmもの身長になってしまいます。

身長については、毎年毎年、決まった長さだけ伸びるなんて考えられません。このことを数学では、「変化の割合が一定ではない」といいます。グラフにかくと折れ線になりますね。でも、これでも「関数」なんですよ。ただ、「法則化されていない関数」というだけなんです。

だましたな！

もっと身長がほしかった…

第3章 関数

💡 1次関数では、変化の割合は一定です

では、「変化の割合が一定である」って、想像つきますか？ 消しゴム1個で50円、2個で100円、3個で150円……、ほら、変化の割合が一定ですね。

変化の割合が一定であるか、一定でないか、このことで関数を分類することができそうです。

一般に「**変化の割合**」は、次の式で求められます。

$$\text{変化の割合} = \frac{y \text{の増加量}}{x \text{の増加量}}$$

では、$y = 4x + 3$ の表を使って、変化の割合を求める練習をしましょう。

x	……	-3	-2	-1	0	1	2	3	4	……
y		-9	-5	-1	3	7	11	15	19	……

【問題】
関数 $y = 4x + 3$ について、次の場合の変化の割合を求めよ。
① x が 1 から 2 まで増加する
② x が 1 から 4 まで増加する
③ x が -3 から 3 まで増加する
④ x が -237.145978 から 4597879.2456 まで増加する

「xが○から△まで増加する」というタイプの問題を並べました。私は便宜上、○を「スタート地点」、△を「ゴール地点」と呼ぶことにしています。

まず、①。xは1から2まで増加してますから、xの増加量は1。表を見てください、その間にyは7から11まで増加しています。従って、yの増加量は4。変化の割合は、$\frac{4}{1} = 4$になります。

続いて、②。xは1から4までの増加ですから、xの増加量は3。その間にyは7から19まで増加していますから、yの増加量は12。変化の割合は、$\frac{12}{3} = 4$ですね。

次に、③。xは−3から3まで増加、xの増加量は6。その間にyは−9から15まで増加、yの増加量は24。従って、変化の割合は、$\frac{24}{6} = 4$。

気がつきました？ ①も②も③も、変化の割合はすべて4です。スタート地点もゴール地点も関係ないのです。

当然です。1次関数では、変化の割合は一定なのです。一生懸命に計算しましたが、それも考えてみればかなりムダなことでした。$y = 4x+3$という式の傾き4を見れば、すぐに変化の割合は4とわかります。

1次関数では、変化の割合は一定

さて、④番。なんだかスゴイ数字が並んでいますが、驚く必要はありません。まじめに計算しちゃダメですよ。計算する必要がないのですから。変化の割合は、いつだって4なのです。ラクチン、ラクチン！

放物線での変化の割合

…変化の割合が変わるほうがおもしろいでしょ!?

❓ 放物線で変化の割合を考えてみよう！

1次関数では、変化の割合は一定です。これは、変化に乏しくて、なんだかおもしろくありません。

$y = ax^2$ で考えてみましょう。このグラフは、放物線になります。直線のグラフではありませんから、変化の割合が一定ではないとわかります。ちょっとやりがいのある問題ですよ。

では、$y = \dfrac{1}{2}x^2$ の表を使って、変化の割合を求める練習をしましょう。

x	……	-4	-3	-2	-1	0	1	2	3	4	……
y	……	8	4.5	2	0.5	0	0.5	2	4.5	8	……

> 【問題】
> 関数 $y = \dfrac{1}{2} x^2$ について、次の場合の変化の割合を求めよ
> ① x が 2から4まで増加する
> ② x が-2から4まで増加する
> ③ x が-4から2まで増加する
> ④ x が-4から4まで増加する

 まず、①。x は2から4まで増加していますから、x の増加量は2。その間に y は2から8まで増加しています。従って、y の増加量は6。変化の割合は、$\dfrac{6}{2} = 3$ になります。

 続いて、②。x は-2から4までの増加ですから、x の増加量は6。その間に y は2から8まで増加していますから、y の増加量は6。変化の割合は、$\dfrac{6}{6} = 1$ ですね。

 次に、③。x は-4から2まで増加、x の増加量は6。その間に y は8から2まで増加、y の増加量は-6。従って変化の割合は、$-\dfrac{6}{6} = -1$。

 やはりおもしろい。「変化の割合」が変化しています。

 問題の放物線のグラフは、$x < 0$ の範囲では y の値は減少し、$0 < x$ の範囲では、y の値は増加しています。従って、x の範囲の取り方によって、変化の割合の正負まで変わってくるのです。

 それぞれのグラフを見てみましょう。

① 変化の割合3

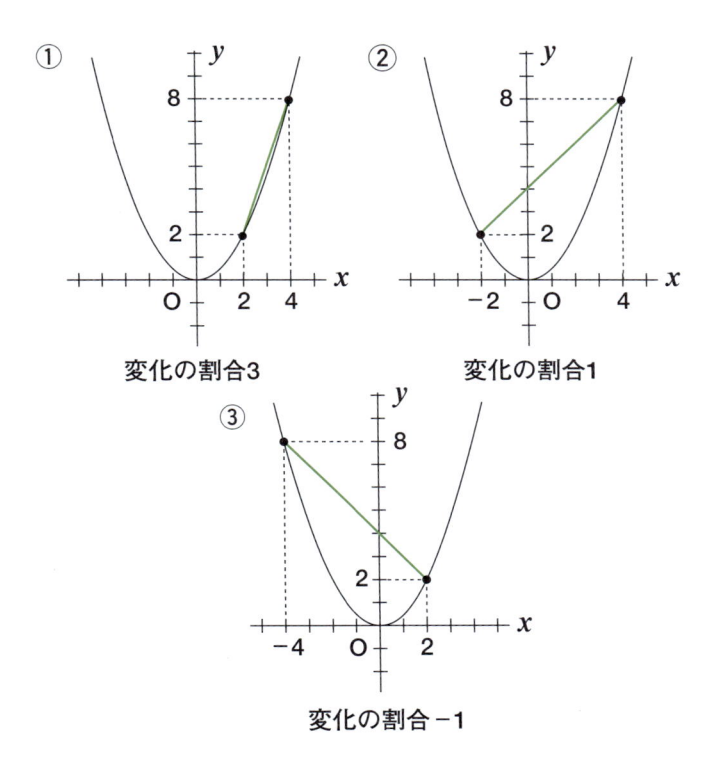

② 変化の割合1

③ 変化の割合−1

　上記の図の中に、直線を引きました。これは、それぞれの問題で指定されたスタート地点とゴール地点を結んだ直線です。実は、先ほど求めた変化の割合は、それぞれ上の図の直線の傾きを示しているというオマケつきです。

変化の割合を求める際には、グラフをイメージするといいわよ！

💡 放物線でのスタート地点とゴール地点

では、応用問題として、④。

x は -4 から 4 までの増加なので、x の増加量は 8。その間に y は 8 から 8 まで増加？ あれ、増加していない。ということは、増加量は 0。従って変化の割合は、$\dfrac{0}{8} = 0$。

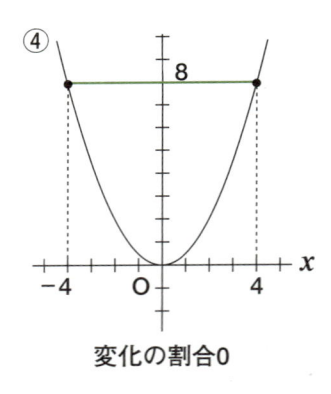

④

変化の割合 0

④は、一生懸命計算してはいけません。よ〜く、思いだしてください。$y = ax^2$ のグラフは、y 軸に関して左右対称になります。従って、$x = -4$ のときの y 座標と $x = 4$ の y 座標は同じになって当然なのです。スタート地点とゴール地点を結ぶ直線が水平になるのですから、変化の割合は 0 になります。

変化の割合が
0ってこともある

💡 $y = ax^2$ での変化の割合を求める公式

関数 $y = ax^2$ について、変化の割合を求めるときに便利な方法があります。

> 関数 $y = ax^2$ において、x の値が p から q まで変化するときの変化の割合は、次の式で表される
>
> $$a(p + q)$$

簡単にいえば、スタート地点の x の値とゴール地点の x の値の和を求めます。それに比例定数をかけ算すれば、変化の割合がたちどころにわかってしまうのです。

たとえば、さっきの問題②、関数 $y = \frac{1}{2}x^2$ について、x が -2 から 4 まで増加するときの、変化の割合をこの公式で求めましょう。あっさりと求められますよ。

$$\frac{1}{2} \times (-2 + 4) = \frac{1}{2} \times 2$$
$$= 1$$

付録A 平方根表（$\sqrt{1.00} \sim \sqrt{9.99}$）

数	0	1	2	3	4	5	6	7	8	9
1.0	1.000	1.005	1.010	1.015	1.020	1.025	1.030	1.034	1.039	1.044
1.1	1.049	1.054	1.058	1.063	1.068	1.072	1.077	1.082	1.086	1.091
1.2	1.095	1.100	1.105	1.109	1.114	1.118	1.122	1.127	1.131	1.136
1.3	1.140	1.145	1.149	1.153	1.158	1.162	1.166	1.170	1.175	1.179
1.4	1.183	1.187	1.192	1.196	1.200	1.204	1.208	1.212	1.217	1.221
1.5	1.225	1.229	1.233	1.237	1.241	1.245	1.249	1.253	1.257	1.261
1.6	1.265	1.269	1.273	1.277	1.281	1.285	1.288	1.292	1.296	1.300
1.7	1.304	1.308	1.311	1.315	1.319	1.323	1.327	1.330	1.334	1.338
1.8	1.342	1.345	1.349	1.353	1.356	1.360	1.364	1.367	1.371	1.375
1.9	1.378	1.382	1.386	1.389	1.393	1.396	1.400	1.404	1.407	1.411
2.0	1.414	1.418	1.421	1.425	1.428	1.432	1.435	1.439	1.442	1.446
2.1	1.449	1.453	1.456	1.459	1.463	1.466	1.470	1.473	1.476	1.480
2.2	1.483	1.487	1.490	1.493	1.497	1.500	1.503	1.507	1.510	1.513
2.3	1.517	1.520	1.523	1.526	1.530	1.533	1.536	1.539	1.543	1.546
2.4	1.549	1.552	1.556	1.559	1.562	1.565	1.568	1.572	1.575	1.578
2.5	1.581	1.584	1.587	1.591	1.594	1.597	1.600	1.603	1.606	1.609
2.6	1.612	1.616	1.619	1.622	1.625	1.628	1.631	1.634	1.637	1.640
2.7	1.643	1.646	1.649	1.652	1.655	1.658	1.661	1.664	1.667	1.670
2.8	1.673	1.676	1.679	1.682	1.685	1.688	1.691	1.694	1.697	1.700
2.9	1.703	1.706	1.709	1.712	1.715	1.718	1.720	1.723	1.726	1.729
3.0	1.732	1.735	1.738	1.741	1.744	1.746	1.749	1.752	1.755	1.758
3.1	1.761	1.764	1.766	1.769	1.772	1.775	1.778	1.780	1.783	1.786
3.2	1.789	1.792	1.794	1.797	1.800	1.803	1.806	1.808	1.811	1.814
3.3	1.817	1.819	1.822	1.825	1.828	1.830	1.833	1.836	1.838	1.841
3.4	1.844	1.847	1.849	1.852	1.855	1.857	1.860	1.863	1.865	1.868
3.5	1.871	1.873	1.876	1.879	1.881	1.884	1.887	1.889	1.892	1.895
3.6	1.897	1.900	1.903	1.905	1.908	1.910	1.913	1.916	1.918	1.921
3.7	1.924	1.926	1.929	1.931	1.934	1.936	1.939	1.942	1.944	1.947
3.8	1.949	1.952	1.954	1.957	1.960	1.962	1.965	1.967	1.970	1.972
3.9	1.975	1.977	1.980	1.982	1.985	1.987	1.990	1.992	1.995	1.997
4.0	2.000	2.002	2.005	2.007	2.010	2.012	2.015	2.017	2.020	2.022
4.1	2.025	2.027	2.030	2.032	2.035	2.037	2.040	2.042	2.045	2.047
4.2	2.049	2.052	2.054	2.057	2.059	2.062	2.064	2.066	2.069	2.071
4.3	2.074	2.076	2.078	2.081	2.083	2.086	2.088	2.090	2.093	2.095
4.4	2.098	2.100	2.102	2.105	2.107	2.110	2.112	2.114	2.117	2.119
4.5	2.121	2.124	2.126	2.128	2.131	2.133	2.135	2.138	2.140	2.142
4.6	2.145	2.147	2.149	2.152	2.154	2.156	2.159	2.161	2.163	2.166
4.7	2.168	2.170	2.173	2.175	2.177	2.179	2.182	2.184	2.186	2.189
4.8	2.191	2.193	2.195	2.198	2.200	2.202	2.205	2.207	2.209	2.211
4.9	2.214	2.216	2.218	2.220	2.223	2.225	2.227	2.229	2.232	2.234
5.0	2.236	2.238	2.241	2.243	2.245	2.247	2.249	2.252	2.254	2.256
5.1	2.258	2.261	2.263	2.265	2.267	2.269	2.272	2.274	2.276	2.278
5.2	2.280	2.283	2.285	2.287	2.289	2.291	2.293	2.296	2.298	2.300
5.3	2.302	2.304	2.307	2.309	2.311	2.313	2.315	2.317	2.319	2.322
5.4	2.324	2.326	2.328	2.330	2.332	2.335	2.337	2.339	2.341	2.343

数	0	1	2	3	4	5	6	7	8	9
5.5	2.345	2.347	2.349	2.352	2.354	2.356	2.358	2.360	2.362	2.364
5.6	2.366	2.369	2.371	2.373	2.375	2.377	2.379	2.381	2.383	2.385
5.7	2.387	2.390	2.392	2.394	2.396	2.398	2.400	2.402	2.404	2.406
5.8	2.408	2.410	2.412	2.415	2.417	2.419	2.421	2.423	2.425	2.427
5.9	2.429	2.431	2.433	2.435	2.437	2.439	2.441	2.443	2.445	2.447
6.0	2.449	2.452	2.454	2.456	2.458	2.460	2.462	2.464	2.466	2.468
6.1	2.470	2.472	2.474	2.476	2.478	2.480	2.482	2.484	2.486	2.488
6.2	2.490	2.492	2.494	2.496	2.498	2.500	2.502	2.504	2.506	2.508
6.3	2.510	2.512	2.514	2.516	2.518	2.520	2.522	2.524	2.526	2.528
6.4	2.530	2.532	2.534	2.536	2.538	2.540	2.542	2.544	2.546	2.548
6.5	2.550	2.551	2.553	2.555	2.557	2.559	2.561	2.563	2.565	2.567
6.6	2.569	2.571	2.573	2.575	2.577	2.579	2.581	2.583	2.585	2.587
6.7	2.588	2.590	2.592	2.594	2.596	2.598	2.600	2.602	2.604	2.606
6.8	2.608	2.610	2.612	2.613	2.615	2.617	2.619	2.621	2.623	2.625
6.9	2.627	2.629	2.631	2.632	2.634	2.636	2.638	2.640	2.642	2.644
7.0	2.646	2.648	2.650	2.651	2.653	2.655	2.657	2.659	2.661	2.663
7.1	2.665	2.666	2.668	2.670	2.672	2.674	2.676	2.678	2.680	2.681
7.2	2.683	2.685	2.687	2.689	2.691	2.693	2.694	2.696	2.698	2.700
7.3	2.702	2.704	2.706	2.707	2.709	2.711	2.713	2.715	2.717	2.718
7.4	2.720	2.722	2.724	2.726	2.728	2.729	2.731	2.733	2.735	2.737
7.5	2.739	2.740	2.742	2.744	2.746	2.748	2.750	2.751	2.753	2.755
7.6	2.757	2.759	2.760	2.762	2.764	2.766	2.768	2.769	2.771	2.773
7.7	2.775	2.777	2.778	2.780	2.782	2.784	2.786	2.787	2.789	2.791
7.8	2.793	2.795	2.796	2.798	2.800	2.802	2.804	2.805	2.807	2.809
7.9	2.811	2.812	2.814	2.816	2.818	2.820	2.821	2.823	2.825	2.827
8.0	2.828	2.830	2.832	2.834	2.835	2.837	2.839	2.841	2.843	2.844
8.1	2.846	2.848	2.850	2.851	2.853	2.855	2.857	2.858	2.860	2.862
8.2	2.864	2.865	2.867	2.869	2.871	2.872	2.874	2.876	2.877	2.879
8.3	2.881	2.883	2.884	2.886	2.888	2.890	2.891	2.893	2.895	2.897
8.4	2.898	2.900	2.902	2.903	2.905	2.907	2.909	2.910	2.912	2.914
8.5	2.915	2.917	2.919	2.921	2.922	2.924	2.926	2.927	2.929	2.931
8.6	2.933	2.934	2.936	2.938	2.939	2.941	2.943	2.944	2.946	2.948
8.7	2.950	2.951	2.953	2.955	2.956	2.958	2.960	2.961	2.963	2.965
8.8	2.966	2.968	2.970	2.972	2.973	2.975	2.977	2.978	2.980	2.982
8.9	2.983	2.985	2.987	2.988	2.990	2.992	2.993	2.995	2.997	2.998
9.0	3.000	3.002	3.003	3.005	3.007	3.008	3.010	3.012	3.013	3.015
9.1	3.017	3.018	3.020	3.022	3.023	3.025	3.027	3.028	3.030	3.032
9.2	3.033	3.035	3.036	3.038	3.040	3.041	3.043	3.045	3.046	3.048
9.3	3.050	3.051	3.053	3.055	3.056	3.058	3.059	3.061	3.063	3.064
9.4	3.066	3.068	3.069	3.071	3.072	3.074	3.076	3.077	3.079	3.081
9.5	3.082	3.084	3.085	3.087	3.089	3.090	3.092	3.094	3.095	3.097
9.6	3.098	3.100	3.102	3.103	3.105	3.106	3.108	3.110	3.111	3.113
9.7	3.114	3.116	3.118	3.119	3.121	3.122	3.124	3.126	3.127	3.129
9.8	3.130	3.132	3.134	3.135	3.137	3.138	3.140	3.142	3.143	3.145
9.9	3.146	3.148	3.150	3.151	3.153	3.154	3.156	3.158	3.159	3.161

付録B 平方根表($\sqrt{10.0} \sim \sqrt{99.9}$)

数	0	1	2	3	4	5	6	7	8	9
10	3.162	3.178	3.194	3.209	3.225	3.240	3.256	3.271	3.286	3.302
11	3.317	3.332	3.347	3.362	3.376	3.391	3.406	3.421	3.435	3.450
12	3.464	3.479	3.493	3.507	3.521	3.536	3.550	3.564	3.578	3.592
13	3.606	3.619	3.633	3.647	3.661	3.674	3.688	3.701	3.715	3.728
14	3.742	3.755	3.768	3.782	3.795	3.808	3.821	3.834	3.847	3.860
15	3.873	3.886	3.899	3.912	3.924	3.937	3.950	3.962	3.975	3.987
16	4.000	4.012	4.025	4.037	4.050	4.062	4.074	4.087	4.099	4.111
17	4.123	4.135	4.147	4.159	4.171	4.183	4.195	4.207	4.219	4.231
18	4.243	4.254	4.266	4.278	4.290	4.301	4.313	4.324	4.336	4.347
19	4.359	4.370	4.382	4.393	4.405	4.416	4.427	4.438	4.450	4.461
20	4.472	4.483	4.494	4.506	4.517	4.528	4.539	4.550	4.561	4.572
21	4.583	4.593	4.604	4.615	4.626	4.637	4.648	4.658	4.669	4.680
22	4.690	4.701	4.712	4.722	4.733	4.743	4.754	4.764	4.775	4.785
23	4.796	4.806	4.817	4.827	4.837	4.848	4.858	4.868	4.879	4.889
24	4.899	4.909	4.919	4.930	4.940	4.950	4.960	4.970	4.980	4.990
25	5.000	5.010	5.020	5.030	5.040	5.050	5.060	5.070	5.079	5.089
26	5.099	5.109	5.119	5.128	5.138	5.148	5.158	5.167	5.177	5.187
27	5.196	5.206	5.215	5.225	5.235	5.244	5.254	5.263	5.273	5.282
28	5.292	5.301	5.310	5.320	5.329	5.339	5.348	5.357	5.367	5.376
29	5.385	5.394	5.404	5.413	5.422	5.431	5.441	5.450	5.459	5.468
30	5.477	5.486	5.495	5.505	5.514	5.523	5.532	5.541	5.550	5.559
31	5.568	5.577	5.586	5.595	5.604	5.612	5.621	5.630	5.639	5.648
32	5.657	5.666	5.675	5.683	5.692	5.701	5.710	5.718	5.727	5.736
33	5.745	5.753	5.762	5.771	5.779	5.788	5.797	5.805	5.814	5.822
34	5.831	5.840	5.848	5.857	5.865	5.874	5.882	5.891	5.899	5.908
35	5.916	5.925	5.933	5.941	5.950	5.958	5.967	5.975	5.983	5.992
36	6.000	6.008	6.017	6.025	6.033	6.042	6.050	6.058	6.066	6.075
37	6.083	6.091	6.099	6.107	6.116	6.124	6.132	6.140	6.148	6.156
38	6.164	6.173	6.181	6.189	6.197	6.205	6.213	6.221	6.229	6.237
39	6.245	6.253	6.261	6.269	6.277	6.285	6.293	6.301	6.309	6.317
40	6.325	6.332	6.340	6.348	6.356	6.364	6.372	6.380	6.387	6.395
41	6.403	6.411	6.419	6.427	6.434	6.442	6.450	6.458	6.465	6.473
42	6.481	6.488	6.496	6.504	6.512	6.519	6.527	6.535	6.542	6.550
43	6.557	6.565	6.573	6.580	6.588	6.595	6.603	6.611	6.618	6.626
44	6.633	6.641	6.648	6.656	6.663	6.671	6.678	6.686	6.693	6.701
45	6.708	6.716	6.723	6.731	6.738	6.745	6.753	6.760	6.768	6.775
46	6.782	6.790	6.797	6.804	6.812	6.819	6.826	6.834	6.841	6.848
47	6.856	6.863	6.870	6.877	6.885	6.892	6.899	6.907	6.914	6.921
48	6.928	6.935	6.943	6.950	6.957	6.964	6.971	6.979	6.986	6.993
49	7.000	7.007	7.014	7.021	7.029	7.036	7.043	7.050	7.057	7.064
50	7.071	7.078	7.085	7.092	7.099	7.106	7.113	7.120	7.127	7.134
51	7.141	7.148	7.155	7.162	7.169	7.176	7.183	7.190	7.197	7.204
52	7.211	7.218	7.225	7.232	7.239	7.246	7.253	7.259	7.266	7.273
53	7.280	7.287	7.294	7.301	7.308	7.314	7.321	7.328	7.335	7.342
54	7.348	7.355	7.362	7.369	7.376	7.382	7.389	7.396	7.403	7.409

数	0	1	2	3	4	5	6	7	8	9
55	7.416	7.423	7.430	7.436	7.443	7.450	7.457	7.463	7.470	7.477
56	7.483	7.490	7.497	7.503	7.510	7.517	7.523	7.530	7.537	7.543
57	7.550	7.556	7.563	7.570	7.576	7.583	7.589	7.596	7.603	7.609
58	7.616	7.622	7.629	7.635	7.642	7.649	7.655	7.662	7.668	7.675
59	7.681	7.688	7.694	7.701	7.707	7.714	7.720	7.727	7.733	7.740
60	7.746	7.752	7.759	7.765	7.772	7.778	7.785	7.791	7.797	7.804
61	7.810	7.817	7.823	7.829	7.836	7.842	7.849	7.855	7.861	7.868
62	7.874	7.880	7.887	7.893	7.899	7.906	7.912	7.918	7.925	7.931
63	7.937	7.944	7.950	7.956	7.962	7.969	7.975	7.981	7.987	7.994
64	8.000	8.006	8.012	8.019	8.025	8.031	8.037	8.044	8.050	8.056
65	8.062	8.068	8.075	8.081	8.087	8.093	8.099	8.106	8.112	8.118
66	8.124	8.130	8.136	8.142	8.149	8.155	8.161	8.167	8.173	8.179
67	8.185	8.191	8.198	8.204	8.210	8.216	8.222	8.228	8.234	8.240
68	8.246	8.252	8.258	8.264	8.270	8.276	8.283	8.289	8.295	8.301
69	8.307	8.313	8.319	8.325	8.331	8.337	8.343	8.349	8.355	8.361
70	8.367	8.373	8.379	8.385	8.390	8.396	8.402	8.408	8.414	8.420
71	8.426	8.432	8.438	8.444	8.450	8.456	8.462	8.468	8.473	8.479
72	8.485	8.491	8.497	8.503	8.509	8.515	8.521	8.526	8.532	8.538
73	8.544	8.550	8.556	8.562	8.567	8.573	8.579	8.585	8.591	8.597
74	8.602	8.608	8.614	8.620	8.626	8.631	8.637	8.643	8.649	8.654
75	8.660	8.666	8.672	8.678	8.683	8.689	8.695	8.701	8.706	8.712
76	8.718	8.724	8.729	8.735	8.741	8.746	8.752	8.758	8.764	8.769
77	8.775	8.781	8.786	8.792	8.798	8.803	8.809	8.815	8.820	8.826
78	8.832	8.837	8.843	8.849	8.854	8.860	8.866	8.871	8.877	8.883
79	8.888	8.894	8.899	8.905	8.911	8.916	8.922	8.927	8.933	8.939
80	8.944	8.950	8.955	8.961	8.967	8.972	8.978	8.983	8.989	8.994
81	9.000	9.006	9.011	9.017	9.022	9.028	9.033	9.039	9.044	9.050
82	9.055	9.061	9.066	9.072	9.077	9.083	9.088	9.094	9.099	9.105
83	9.110	9.116	9.121	9.127	9.132	9.138	9.143	9.149	9.154	9.160
84	9.165	9.171	9.176	9.182	9.187	9.192	9.198	9.203	9.209	9.214
85	9.220	9.225	9.230	9.236	9.241	9.247	9.252	9.257	9.263	9.268
86	9.274	9.279	9.284	9.290	9.295	9.301	9.306	9.311	9.317	9.322
87	9.327	9.333	9.338	9.343	9.349	9.354	9.359	9.365	9.370	9.375
88	9.381	9.386	9.391	9.397	9.402	9.407	9.413	9.418	9.423	9.429
89	9.434	9.439	9.445	9.450	9.455	9.460	9.466	9.471	9.476	9.482
90	9.487	9.492	9.497	9.503	9.508	9.513	9.518	9.524	9.529	9.534
91	9.539	9.545	9.550	9.555	9.560	9.566	9.571	9.576	9.581	9.586
92	9.592	9.597	9.602	9.607	9.612	9.618	9.623	9.628	9.633	9.638
93	9.644	9.649	9.654	9.659	9.664	9.670	9.675	9.680	9.685	9.690
94	9.695	9.701	9.706	9.711	9.716	9.721	9.726	9.731	9.737	9.742
95	9.747	9.752	9.757	9.762	9.767	9.772	9.778	9.783	9.788	9.793
96	9.798	9.803	9.808	9.813	9.818	9.823	9.829	9.834	9.839	9.844
97	9.849	9.854	9.859	9.864	9.869	9.874	9.879	9.884	9.889	9.894
98	9.899	9.905	9.910	9.915	9.920	9.925	9.930	9.935	9.940	9.945
99	9.950	9.955	9.960	9.965	9.970	9.975	9.980	9.985	9.990	9.995

索　引

記号・英数字

≠	17
<	17、20、21
>	17、21
≦	18、19、20
≧	18
%	52、54
‰	53
=	65、131
$\sqrt{}$	96
∝	190
≒	107
π	116
e	116
function	216
ppb	53
ppm	53
ppq	53
ppt	53
1元1次方程式	144
1次関数	217
1次方程式	127
2回方式	85
2元1次方程式	144
2元連立1次方程式	156
2次方程式	158、166、170
2次方程式の解	158、160
2次方程式を解く	158
2乗に比例する	224
3次方程式	177
4回方式	85
4次方程式	178
x座標	185
x軸	183
$y = \dfrac{a}{x}$	201
$y = ax$	189
$y = ax^2$	224、229
y座標	185
y軸上の切片	219
y切片	219

あ

アーベル	178
移項	137
以下	19、20
以上	19
因子	73
因数	73、74、89
因数分解	88、89、162
エラトステネス	81
エラトステネスの篩	81

か

外延的定義	69
解と係数の関係	164
解なし	175、177
解の吟味	142
解の公式	170
開平法	105
ガウス平面	178
加減法	148、155
傾き	220、222
加法	22、24、25
カルダノ	177
関数	212、213、216、217
奇数	71
既約	89
逆数	33
九章算術	123
共通因数	90
行列	31
極座標	184
虚数	176
虚数単位	176
近似値	118
偶数	68、70、71
係数	62
結合法則	28
原点	11、12、184、191
減法	22、24
項	25
降冪の順	60

交換法則	28
合成数	77
交代式	48
恒等式	123
勾配	191
根号	97

さ

座標	185
座標軸	183
座標平面	183
算術和	27
式の値	44
式の展開	84、88
自乗	36
指数	36、38、79
次数	58
指数法則	39
自然数	10、22、77
実数	92、176
斜交座標	184
写像	216
重解	174
重根	174
周期	111
従属変数	196
循環小数	111、115
循環節	111、114
象限	183、204
焦点	229
乗法	33
乗法公式	85、90
除法	33
正の数	11
絶対温度	10
絶対値	12、179
切片	219
漸近線	208
センテンス型	132
千分率	53
素因数	75
素因数分解	75、77、89
素因数分解の一意性	76
相関	203
双曲線	204
底	36

素数	74、75、77、81

た

対称式	48
代数和	27
代入	44
代入法	153
多項式	55、58、84
縦軸	183
単項式	55、58、84
値域	197
直交座標	184
定義域	197
定数	188、196
定数項	59
等号	65、131
等式	65、122
等式の性質	132、134、140
同類項	56
独立変数	196
閉じている	22

な

内包的定義	71
なりますの等号	66
昇冪の順	60

は

パーミル	53
背理法	117
挟み撃ち方式	98
ババ抜き方式	104
パラボラ	230
反数	24
反比例	199、200、201、202、210
判別式	175
非循環小数	96、111、115
等しいの等号	66
百万分率	53
比例	186、189、190、191、210、218
比例定数	188、190、192、201、209、210、224
複号同順	87
複素数	177
複素数平面	178
符号を変えた数	24

索引

不定	16、156
不等号	17
不能	15、157
負の数	11
フレーズ型	132
分配法則	28、72
分母の有理化	119
分母をはらう	138
平方	36
平方完成	168
平方根	91、92、94、100、101、162、166、226
平方根表	105
平方数	80、96、98
変域	197
変化の割合	232、233、235
変数	188、196
方程式	123
方程式の解	123、129
方程式を解く	129、131
放物線	228
放物線の軸	231
放物線の頂点	231

ま

未満	21

無限小数	96、110
無理数	115、116、118
文字式	42、46
文字を消去する	147
もとになる量	51

や

約分	33
有限小数	110
有限数	115
横軸	183

ら

立法	36
立方根	93
累乗	36、39
ルート	97
連立2元1次方程式	146
連立方程式	222
連立方程式の解	146
連立方程式を解く	146、147

わ

割	53、54
割合	50

《 参 考 文 献 》

『算数・数学ランド おもしろ探検事典』	仲田紀夫 (評論社、1998年)
『恥ずかしくて聞けない数学64の疑問』	仲田紀夫 (黎明書房、1999年)
『数学の言葉づかい100』	数学セミナー編集部 (日本評論社、1999年)
『数学はこんなに面白い』	岡部恒治 (日本経済新聞社、1999年)
『数学の小事典』	片山孝次、大槻真、神長幾子 (岩波ジュニア新書、2000年)
『この中学数学とける?』	釣 浩康 (中経出版、2001年)
『なっとくする数学記号』	黒木哲徳 (講談社、2001年)
『すぐわかる「3分間数学」』	アルブレヒト・ボイテルスパッハー (主婦の友社、2002年)
『数学脳をつくる8つの方法』	岡部恒治 (サンマーク出版、2002年)
『ゼロから学ぶ数学の1、2、3』	瀬山士郎 (講談社、2002年)
『単位171の新知識』	星田直彦 (講談社、2005年)

サイエンス・アイ新書 発刊のことば

science·i

「科学の世紀」の羅針盤

　20世紀に生まれた広域ネットワークとコンピュータサイエンスによって、科学技術は目を見張るほど発展し、高度情報化社会が訪れました。いまや科学は私たちの暮らしに身近なものとなり、それなくしては成り立たないほど強い影響力を持っているといえるでしょう。

　『サイエンス・アイ新書』は、この「科学の世紀」と呼ぶにふさわしい21世紀の羅針盤を目指して創刊しました。情報通信と科学分野における革新的な発明や発見を誰にでも理解できるように、基本の原理や仕組みのところから図解を交えてわかりやすく解説します。科学技術に関心のある高校生や大学生、社会人にとって、サイエンス・アイ新書は科学的な視点で物事をとらえる機会になるだけでなく、論理的な思考法を学ぶ機会にもなることでしょう。もちろん、宇宙の歴史から生物の遺伝子の働きまで、複雑な自然科学の謎も単純な法則で明快に理解できるようになります。

　一般教養を高めることはもちろん、科学の世界へ飛び立つためのガイドとしてサイエンス・アイ新書シリーズを役立てていただければ、それに勝る喜びはありません。21世紀を賢く生きるための科学の力をサイエンス・アイ新書で培っていただけると信じています。

2006年10月

※サイエンス・アイ(Science i)は、21世紀の科学を支える情報(Information)、知識(Intelligence)、革新(Innovation)を表現する「 i 」からネーミングされています。

SoftBank Creative

science・i

サイエンス・アイ新書
SIS-061

http://sciencei.sbcr.jp/

楽しく学ぶ数学の基礎
数と式、方程式、関数、あなたのつまずきは、これで解消！

2008年3月24日 初版第1刷発行

著 者	星田直彦（ほしだただひこ）
発 行 者	新田光敏
発 行 所	ソフトバンク クリエイティブ株式会社
	〒107-0052 東京都港区赤坂4-13-13
	編集：サイエンス・アイ編集部
	03（5549）1138
	営業：03（5549）1201
装丁・組版	クニメディア株式会社
印刷・製本	図書印刷株式会社

乱丁・落丁本が万が一ございましたら、小社営業部まで着払いにてご送付ください。送料小社負担にてお取り替えいたします。本書の内容の一部あるいは全部を無断で複写（コピー）することは、かたくお断りいたします。

©星田直彦 2008 Printed in Japan ISBN 978-4-7973-4406-6

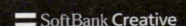

SoftBank Creative